建设工程质量检测人员岗位培训教材

建筑主体结构工程检测

（第二版）

贵州省建设工程质量检测协会　组织编写

中国建筑工业出版社

图书在版编目（CIP）数据

建筑主体结构工程检测/贵州省建设工程质量检测
协会组织编写. —2版. —北京：中国建筑工业出版社，
2023.3
建设工程质量检测人员岗位培训教材
ISBN 978-7-112-28429-0

Ⅰ.①建… Ⅱ.①贵… Ⅲ.①结构工程-检测-岗位
培训-教材 Ⅳ.①TU712

中国国家版本馆 CIP 数据核字（2023）第 037225 号

本书是建设工程质量检测人员岗位培训教材的一个分册，按照国家《建设工程质量检测管理办法》的要求，依据相关国家技术法规、技术规范及标准等编写完成。主要内容有：建筑物主体结构工程检测基本知识、钢筋混凝土结构基本概念、砌体结构基本概念、结构性能检验基本概念、后置埋件基本的概念、钢筋混凝土结构工程检测、砌体结构工程检测、混凝土构件结构性能的静力荷载检验、后置埋件的力学性能检测、建筑物变形检测、建筑物耐久性评估等。

本书为建设工程质量检测人员培训教材，也可供从事建设工程设计、施工、质监、监理等工程技术人员参考，还可作为高等职业院校、高等专科院校教学参考用书。

责任编辑：杨　杰
责任校对：王　烨

建设工程质量检测人员岗位培训教材
建筑主体结构工程检测（第二版）
贵州省建设工程质量检测协会　组织编写

*

中国建筑工业出版社出版、发行（北京海淀三里河路 9 号）
各地新华书店、建筑书店经销
霸州市顺浩图文科技发展有限公司制版
天津翔远印刷有限公司印刷

*

开本：787 毫米×1092 毫米　1/16　印张：12　字数：312 千字
2023 年 5 月第二版　　2023 年 5 月第一次印刷
定价：**38.00** 元
ISBN 978-7-112-28429-0
（38952）

建设工程质量检测人员岗位培训教材
编写委员会委员名单

丛书前言

建设工程质量检测是指依据国家有关法律、法规、工程建设强制性标准和设计文件，对建设工程材料质量、工程实体施工质量以及使用功能等进行检验检测，客观、准确、及时的检测数据是指导、控制和评定工程质量的科学依据。

随着我国城镇化政策的推进和国民经济的快速发展，各类建设规模日益增大，与此同时，建设工程领域内的有关法律、法规和标准规范逐步完善，人们对建筑工程质量的要求也在不断提高，建设工程质量检测随着全社会质量意识的不断提高而日益受到关注。因此，加强建设工程质量的检验检测工作管理，充分发挥其在质量控制、评定中的重要作用，已成为建设工程质量管理的重要手段。

工程质量检测是一项技术性很强的工作，为了满足建设工程检测行业发展的需求，提高工程质量检测技术水平和从业人员的素质，加强检测技术业务培训，规范建设工程质量检测行为，依据《建设工程质量检测管理办法》《建设工程检测试验技术管理规范》JGJ 190—2010 和《房屋建筑和市政基础设施工程质量检测技术管理规范》GB 50618—2011 等相关标准、规范，按照科学性、实用性和可操作性的原则，结合检测行业的特点编写本套教材。

本套教材共分 6 个分册，分别为：《建筑材料检测》（第二版）、《建筑地基基础工程检测》（第二版）、《建筑主体结构工程检测》（第二版）、《建筑钢结构工程检测》《民用建筑工程室内环境污染检测》（第二版）和《建筑幕墙工程检测》（第二版）。全书内容丰富、系统、涵盖面广，每本用书内容相对独立、完整、自成体系，并结合我国目前建设工程质量检测的新技术和相关标准、规范，系统介绍了建设工程质量检测的概论、检测基本知识、基本理论和操作技术，具有较强的实用性和可操作性，基本能够满足建设工程质量检测的实际需求。

本套教材为建设工程质量检测人员岗位培训教材，也可供从事建设工程设计、施工、质监、监理等工程技术人员参考，还可作为高等职业院校、高等专科院校教学参考用书。

本套教材在编写过程中参阅、学习了许多文献和有关资料，但错漏之处在所难免，敬请谅解。关于本教材的错误或不足之处，诚挚希望广大读者在学习使用过程中及时发现的问题函告我们，以便进一步修改、补充。该培训教材在编写过程中得到了贵州省住房和城乡建设厅、中国建筑工业出版社和有关专家的大力支持，在此一并致谢。

前　　言

近年来，随着我国经济社会的快速发展和城镇化进程的不断加速，全国各地建设规模日益增大。与此同时，建设工程领域内的有关法律、法规逐步完善，人们对建筑工程质量的要求也不断提高，建筑主体结构工程检测得到了全社会日益广泛的关注。主体结构工程检测的对象可以是新建工程，也可以是既有建筑，其目的是为工程材料及工程实体提供科学、准确、公正的检测、鉴定报告，其重要性体现在为新建工程竣工验收及质量溯源提供客观依据，为既有建筑的安全性、可靠性做出判断，为受损房屋的后续修复、加固提供数据支撑等。可以说，建筑主体结构工程检测的科学性、公正性、准确性关乎国计民生，容不得丝毫懈怠。

本教材为建设工程质量检测人员岗位培训丛书的一个分册，在编写过程中结合行业特点，依据相应的检测标准、规范及规程等，较全面、系统地阐述了建筑主体结构工程检测的基本概念、基本理论、检测内容、检测方法及评价原则等内容，旨在使读者通过本教材的学习，提高对建筑主体结构工程检测的认识，掌握主体结构工程检测的基本理论、基本知识和基本方法。

本教材的主要内容为：第1章简述建筑物主体结构工程检测基本知识，第2~5章叙述了钢筋混凝土结构、砌体结构、结构性能检验和后置埋件的基本概念，第6章叙述了钢筋混凝土结构工程检测相关内容，第7章叙述了砌体结构工程检测相关内容，第8章叙述了混凝土构件结构性能的静力荷载检验相关内容，第9章叙述了后置埋件的力学性能检测相关内容，第10章叙述了建筑物变形检测相关内容，第11章叙述了建筑物耐久性评估相关内容。

本教材内容丰富、资料翔实，具有较好的实用性和可操作性，可供建筑结构检测鉴定及与此相关的设计、施工、科研、监理、大专院校等单位人员使用。

本教材由冉群、卢云祥、田涌、宋娟、罗国波、黄钰涵、杨雪瑞、朱国良、赵福龙、向元杰、刘飞、杨建勋、唐王龙、向上、何源编写。

在本教材的编写过程中尽管参阅、学习了许多文献和有关资料，但错漏之处在所难免，敬请谅解。关于本教材的错误或不足之处，欢迎专家及同行们指正。

目　　录

第1章 建筑物主体结构工程检测基本知识

1.1 建筑物主体结构工程检测的发展及现状

建筑物通称建筑，属于固定资产范畴，一般指供人居住、工作、学习、生产、经营、娱乐、储藏物品以及进行其他社会活动的工程建筑。例如，工业建筑、民用建筑、农业建筑和园林建筑等。《民用建筑设计术语标准》GB/T 50504—2009 中建筑物的定义：用建筑材料构筑的空间和实体，供人们居住和进行各种活动的场所。

建筑物的特点：（1）生产周期长。每栋建筑物的可行性研究、设计、建造时间之长，是一般工业新产品的生产周期所不能比拟的，通常以年来计。（2）影响工程质量的因素多。其设计、施工和监理都是由不同的专业、不同的工程，相互协调、协作、交叉作业的结果，工序繁多，专业分工性强，组织协调复杂，而且有大量的隐蔽工序。（3）使用寿命长。它在自然的环境中建造，其使用寿命长达几十处，甚至上百年，在其使用期间，在自然界的各种作用和居住的人以及生产设备等各种使用下要保证安全、适用、耐久。（4）经济投入高。建筑物的立项、设计、施工及竣工后的使用维护、维修、管理，都要投入巨额资金、大量的人力和物力。（5）属一次性产品，建成后不可逆转。不能批量生产，每一栋建筑物都是不可重复的。

随着历史在发展，时代在进步，建筑物数量也在增加。从发达国家城市近代建筑业的发展规律来看，一般为三个时期：第一时期是大规模的新建时期；第二时期为新建与维修改造并举时期，一方面为满足社会发展的需求，不断建造新的建筑，同时社会发展和生产生活的要求不断提高，建筑物的标准也相应提高，对过去低标准的建筑物要求进行维修、加固、补强和内部功能的现代化改造；第三时期为维修与现代化改造为主时期，随着社会和科技的进一步发展，人民生活水平的逐渐提高，对建筑功能的需要也越来越高，原有的老房子建设标准低、使用时间久、结构功能降低等，受经济和规划等影响，如拆除重建费用高，规划不允许在原址重建，因此在原有结构的基础上，对结构按新标准进行补强、加固并进行使用功能现代化改造是合理的选择。新中国成立以来，随着综合国力的显著增强和已有建筑物的逐年增加，已经开始进入新建与改造并重的发展时期，随着环保意识、节约资源、可持续发展和节约型社会的需求，不久也将进入以建筑物现代化改造和维修、加固为主的第三时期。

建筑物在它的建造和使用期间期内（一般建筑物设计使用期限为 50 年）可能会遇到各种各样的情况，在长期的自然环境和使用环境的双重作用下，结构功能会逐渐减弱、降低，有时与原设计预期的要求有较大的差距，这时就需要对建筑物进行检测，对其可靠性进行科学的、客观的评价、鉴定，根据鉴定结果，采取有效的加固、补强、维修等措施进行处理，以此提高结构的功能，延长建筑物的使用寿命。

建筑结构鉴定是人们根据结构力学和建筑结构、建筑材料的专业知识，依据相关的鉴定标准、设计标准、规范和结构工程方面的理论，借助检测工具和仪器设备，结合建筑结构设计和施工经验，对房屋结构的材料、承载力和损坏原因等情况进行的检测、计算、分析和认证，并给出结论的一门科学。

1.2 建筑物主体结构工程检测的技术分类

建筑物主体结构检测的目的是要获得建筑结构在当前状态下，建筑各类作用与响应的各种参数，如图1-1所列。

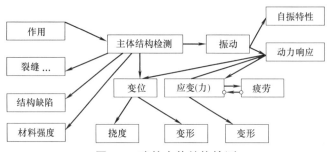

图 1-1 建筑主体结构检测

为得到这些参数，需要根据不同的建筑结构形式、现场检测条件等因素选择使用各式各样的专业仪器设备进行参数的检测、收集、汇总。检测从业工作人员主要任务是如何选用合适的仪器设备，并且正确地使用它们以满足各类检测试验的要求。随着时代的发展，机电工程、光电工程、自动控制与量测技术等现代科技都强有力地促进和推动着建筑主体结构检测技术、检测仪器设备的发展更新。

根据检测对象的不同，主体结构检测技术大体可划分为：混凝土结构工程检测、砌体结构工程检测、钢结构工程检测等常见类型。依据所依托的技术手段、仪器设备使用原理的不同又可分为：机械类检测技术、机电类检测技术、激光类检测技术、红外线类检测技术、振动类检测技术、超声波类检测技术、影像类检测技术等。

1.2.1 机械类检测技术

此类技术是通过机械或人工操作而获得建筑物相关技术检测参数和计量信息的一种检测技术手段，一般具有结构简单、制作容易、使用寿命长、故障率低、较易保养维护、价格优廉等优点。但由于机械类检测技术本身固有的特性，往往存在检测精密度低、操作劳动强度大、效率较低等缺点。混凝土检测中的混凝土强度检测回弹仪、油压拉拔仪、水冷式取芯机（装有人造金刚石薄壁钻头）；砌体结构检测中的砂浆贯入式检测仪、原位轴压仪等都属于典型的机械类检测仪器（图1-2～图1-7）。

1.2.2 机电类检测技术

机电类检测技术是通过机械、人工和电子测试采集相结合而获得建筑结构技术参数和计量信息的一种技术手段。机电检测仪器通过机电转换，具有仪器牢固可靠、使用寿命长、

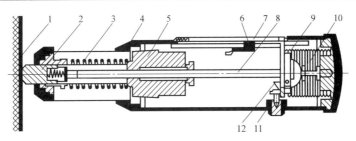

图 1-2　回弹仪构造图

1—试验构件表面；2—弹击杆；3—拉力弹簧；4—套筒；5—重锤；6—指针；7—刻度尺；8—导杆；
9—压力弹簧；10—调整螺栓；11—按钮；12—挂钩

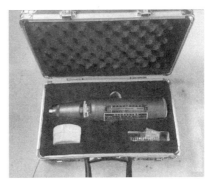

图 1-3　回弹仪

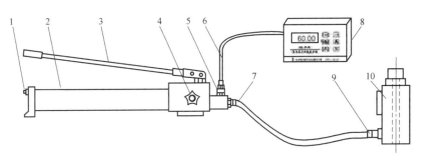

1—注油孔；2—储油筒；3—多功能压把；4—卸荷阀；
5—压力传感器；6—传感器连接线；7—高压油管；
8—智能压力数值显示器；9—快速接头

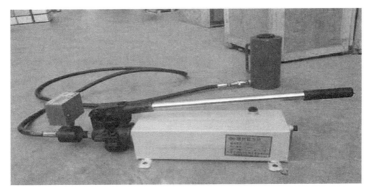

图 1-4　油压拉拔仪

图 1-5　水冷式取芯机

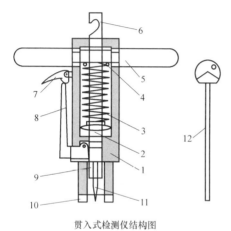

贯入式检测仪结构图

1—主体；　2—贯入杆；　3—工作弹簧；　4—调整螺母；

5—把手；　6—加力槽；　7—扳机；　8—挂钩；

9—测钉座；　10—扁头；　11—测钉；　12—加力器

图 1-6　砂浆贯入式检测仪

图 1-7　原位轴压仪及其检测作业

价格合理、使用方便、量测准确等优点。近几十年来，随着数字计算机工业的发展，机电类检测技术有了重大发展，测定应力、应变、位移、钢筋隐蔽定位、楼板厚度等信息参量的机电类、光纤类传感器数字化仪表得到了广泛应用，大大提高了检测工作的精度和效率。

混凝土检测中的应力应变检测系统、钢筋隐蔽扫描定位仪、钢筋锈蚀仪、楼板测厚仪；钢结构检测中的钢材金属硬度计、金属涂层测厚仪、电子精密水准仪等都属于机电类检测技术仪器（图 1-8～图 1-14）。

图 1-8　应力应变测试系统

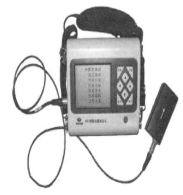

图 1-9　钢筋隐蔽扫描定位仪

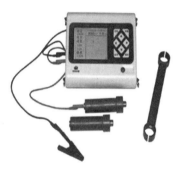

图 1-10　钢筋锈蚀仪

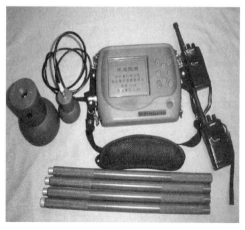

图 1-11　楼板测厚仪

图 1-12　钢材金属硬度计

图 1-13　钢材涂层测厚仪

图 1-14 电子精密水准仪

1.2.3 超声类检测技术

超声波检测技术是一种利用超声波的传播特性进行建筑结构检测的无损检测新技术。超声波是一种频率高于人耳所能听到的频率的声波。人耳能听到的声波频率范围为 20～20kHz，而超声波的频率超过了 20kHz。由于超声波是属于波的一种，因此它在传输过程中同样服从于波的传输规律。利用这些特点，也可以使之为工程质量监控服务，达到无损、快速地检测要求。

超声波检测技术早在 20 世纪 70 年代就得到了较快发展。我国超声波检测技术开始于建筑工程与岩土工程，在土工试块与某些岩体中利用波速法进行无损检测有着比较成熟的经验，应用也比较广泛。超声波的两个探头（发射与接收）安装容易，用穿透式的测定方法，其能量发射与接收都比较集中，规律性较为明显，只要测出相关的声学参数，用声波在介质中传播的基本公式就能算得所求指标（如强度、缺陷等）。建筑工程结构检测作业中，超声波检测技术已广泛地应用于混凝土质量检测、钢结构焊缝质量检测、钢材厚度检测等领域。如混凝土超声回弹检测仪、焊缝超声波检测探伤仪、超声波测厚仪等（图 1-15～图 1-17）。

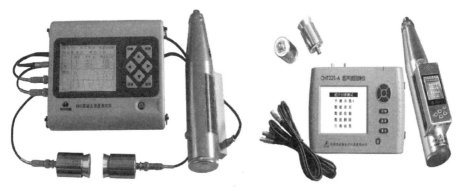

图 1-15 混凝土超声波回弹检测仪

1.2.4 激光类检测技术

激光是 20 世纪 60 年代发展起来的一门尖端科学。由于激光具有高亮度、高方向性、

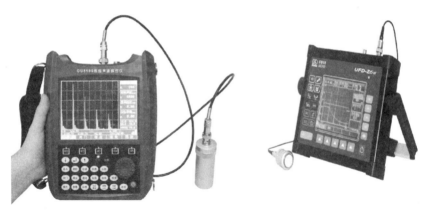

图 1-16　焊缝超声波检测探伤仪

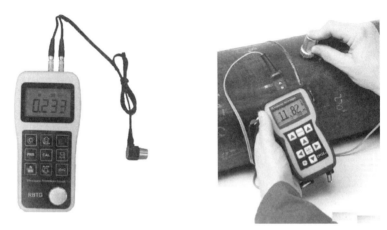

图 1-17　超声波测厚仪

很好的相干性与衍射性、高光强、高测微精度、高时间分辨和全息反应能力等独特的性能技术特点，因此，激光在国防建设、工农业生产及科研实验研究各方面均有着广泛的用途。几十年来，国内外研制开发了一大批具有现代水平的可用于建筑结构检测的激光检测的激光类检测测量仪器。常见的激光应用仪器有激光测距仪、全站仪、激光挠度仪等（图 1-18～图 1-20）。

图 1-18　激光测距仪

图 1-19　全站仪

图 1-20　激光挠度仪

1.2.5　影像类检测技术

影像类检测技术在欧、美试用于 20 世纪 70 年代（野外影像、人工读数）。我国传统的建筑结构病害检测多以肉眼观察、观测读数、记录，但测记效率与准确率有待完善提高。20 世纪 90 年代以来，随着我国房地产事业的蓬勃发展，在引进国外先进技术及自身研发机制不断完善的基础上，我国不断出台了一系列关于各类建筑结构检测鉴定的标准规范，对新建建筑及旧有建筑的检测鉴定提供了合理、科学的理论依据和检测鉴定方法。其中，对于建筑结构缺陷的检测，影像类检测仪器发挥了重要作用。建筑结构检测工程中常用的影像类检测仪器有裂缝综合检测仪、裂缝测宽仪（图 1-21、图 1-22）。

综上所述，建筑结构检测是一项正在蓬勃发展的技术学科，不仅存在着不同建筑结构类型的区别，还存在在多种现代科学、仪器和知识相交叉，同时更强调各种检测规范标准、基本理论与各种仪器选用与操作实践的相结合。这些都需要在掌握建筑结构专业知识的同时，也要了解和掌握相关现代科技的理论基础并综合运用，以适应不断发展的建筑结构现代化检测技术实践的要求。

另外，根据建筑结构的技术分类及检测目的，依据相关规范制定切实可行的检测方

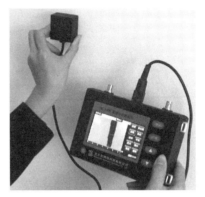

图 1-21　裂缝综合检测仪

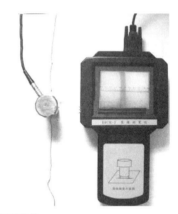

图 1-22　裂缝测宽仪

案，正确选择获取不同建筑结构类型检测数据参数的各类检测仪器，以达到顺利完成检测参数获取的目标，更需要检测从业人员透彻理解检测目的、问题实质和技术原理，将理论知识和现场仪器操作、工程实践紧密相结合，在各类建筑结构检测作业中掌握不同的检测技术，提升检测工作效率、科学严谨地完成检测工作任务。

1.3　建筑物主体结构工程检测的工作程序

（1）主体结构工程的检测可分为主体结构工程质量的检测和主体结构性能的检测。

（2）当遇到下列情况之一时，应进行主体结构工程质量的检测：

1）涉及结构工程质量的试块、试件以及有关材料检验数量不足；

2）对结构实体质量的抽样检测结果达不到设计要求或施工验收规范要求；

3）对结构实体质量有怀疑或争议；

4）发生工程质量事故，需要分析事故的原因；

5）相关标准规定进行的工程质量第三方检测；

6）相关行政主管部门要求进行的工程质量第三方检测。

（3）当遇到下列情况之一时，宜进行主体结构性能的检测：

1）主体结构改变用途、改造、加层或扩建；

2）主体结构达到设计使用年限要继续使用；

3）主体结构使用环境改变或受到环境侵蚀；

4）主体结构受偶然事件或其他灾害的影响；

5）相关法规、标准规定的结构使用期间的鉴定。

（4）主体结构工程检测工作应按图 1-23 的流程进行。

（5）主体结构工程检测工作可接受单方委托，存在质量争议时宜由当事各方共同委托。

（6）主体结构工程的检测应为主体结构工程质量的评定或主体结构性能的鉴定提供真实、可靠、有效的检测数据和检测结论。

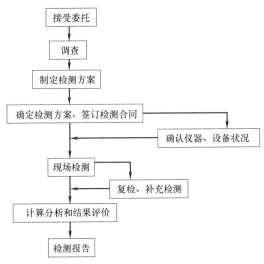

图 1-23　主体结构工程检测工作流程

（7）初步调查宜包括下列基本工作内容

1）收集、查阅图纸资料。包括岩土工程勘察报告、设计计算书、设计变更记录、施工图、施工及施工变更记录、竣工图、竣工质检及验收文件（包括隐蔽工程验收记录）、定点观测记录、事故处理报告、维修记录、历次加固改造图纸等；

2）调查建筑物历史。如原始施工、历次修缮、加固、改造、用途与荷载等变更情况变更、使用条件改变以及受灾等情况；

3）考察现场。按资料核对实物现状：调查建筑物实际使用条件和内外环境、查看已发现的问题、向有关人员进行调查等；

4）制定详细调查计划及检测工作大纲并提出需由委托方完成的准备工作。

（8）详细调查宜根据实际需要选择下列工作内容：

1）结构体系基本情况勘查：

① 结构布置及结构形式；

② 圈梁、构造柱、拉结件、支撑（或其他抗侧力系统）的布置；

③ 结构支承或支座构造，构件及其连接构造；

④ 结构细部尺寸及其他有关的几何参数。

2）结构使用条件调查核实：

① 结构上的作用（荷载）；

② 建筑物内外环境；

③ 使用史（含荷载史、灾害史）。

3）地基基础，包括桩基础的调查与检测：

① 场地类别与地基土，包括土层分布及下卧层情况；

② 地基稳定性（斜坡）；

③ 地基变形及其在上部结构中的反应；

④ 地基承载力的近位测试及室内力学性能试验；

⑤ 基础和桩的工作状态评估，若条件许可，也可针对开裂、腐蚀或其他损坏等情况进行开挖检查；

⑥ 其他因素，如地下水抽降、地基浸水、水质恶化、土壤腐蚀等的影响或作用。

4）材料性能检测分析：

① 结构构件材料；

② 连接材料；

③ 其他材料。

5）承重结构检查：

① 构件（含连接）的几何参数；

② 构件及其连接的工作情况；

③ 结构支承或支座的工作情况；

④ 建筑物的裂缝及其他损伤的情况；

⑤ 结构的整体牢固性；

⑥ 建筑物侧向位移，包括上部结构倾斜、基础转动和局部变形；

⑦ 结构的动力特性。

6）围护系统的安全状况和使用功能调查。

7）易受结构位移、变形影响的管道系统调查。

（9）主体结构的检测应有完备的检测方案，检测方案应征询委托方的意见。

（10）主体结构的检测方案宜包括下列主要内容：

1）工程或结构概况，包括结构类型、建筑面积、总层数、设计、施工及监理单位、建造年代或检测时工程的进度等；

2）委托方的检测目的或检测要求；

3）检测的依据，包括检测所依据的标准及有关的技术资料等；

4）检测范围、检测项目和选用的检测方法；

5）检测的方式、检验批的划分、抽样方法和检测数量；

6）检测人员和仪器设备情况；

7）检测工作进度计划；

8）需要委托方配合的工作；

9）检测中的安全与环保措施。

（11）现场检测时应确保所使用的仪器设备在检定或校准周期内，并处于正常状态。仪器设备的适用范围和检测精度应满足检测项目的要求。

（12）现场检测工作应由本机构不少于两名检测人员承担，所有进入现场的检测人员应进行培训。

（13）现场检测的测区和测点应有明晰标注和编号，必要时标注和编号宜保留一定时间。

（14）现场检测获取的数据或信息应符合下列要求：

1）人工记录时，宜用专用表格，并应做到数据准确、字迹清晰、信息完整，不应追记、涂改，当有笔误时，应进行杠改并签字确认；

2）仪器自动记录的数据应妥善保存，必要时宜打印输出后经现场检测人员校对确认；

3）图像信息应标明获取信息的时间和位置。

（15）当发现检测数据数量不足或检测数据出现异常情况时，应进行补充检测或复检，补充检测或复检时应有必要的说明。

（16）主体结构现场检测工作结束后，应及时提出针对由于检测造成结构局部损伤的修复建议。

（17）主体结构工程的检测检测，应符合下列要求：

1）检测方法应按国家现行有关标准采用。当需采用不止一种检测方法同时进行测试时，应事先约定综合确定检测值的规则，不得事后随意处理。

2）当怀疑检测数据有离群值时，其判断和处理应符合《数据的统计处理和解释正态样本离群值的判断和处理》GB 4883 的规定，不得随意舍弃或调整数据。

第2章 钢筋混凝土结构基本概念

2.1 概　述

钢筋混凝土工程上常被简称为钢筋混凝土，是指通过在混凝土中加入钢筋、钢筋网、钢板或纤维等并与之共同工作来改善混凝土力学性质的一种组合材料。目前在中国的建筑物中，钢筋混凝土结构为应用最多的一种结构形式，同时也是世界上使用钢筋混凝土结构最多的地区。混凝土是水泥（通常硅酸盐水泥）与骨料的混合物。当加入一定量水分的时候，水泥水化形成微观不透明晶格结构从而包裹和结合骨料成为整体结构。通常混凝土结构拥有较强的抗压强度，但是混凝土的抗拉强度较低，通常只有抗压强度的十分之一左右，任何显著的拉弯作用都会使其微观晶格结构开裂和分离从而导致结构的破坏。而绝大多数结构构件内部都有受拉应力作用的需求，故未加钢筋的混凝土极少被单独使用于工程。相较混凝土而言，钢筋抗拉强度非常高，故通常人们在混凝土中加入钢筋等加劲材料与之共同工作，由钢筋承担其中的拉力，混凝土承担压应力部分。在一些小截面构件里，除了承受拉力之外，钢筋同样可用于承受压力，这通常发生在柱子之中。钢筋混凝土构件截面可以根据工程需要制成不同的形状和大小。

由于钢筋混凝土结构生产技术较复杂，混凝土原材料品质的偏差、配合比的不同以及生产工艺不当等均可能导致钢筋混凝土的强度和耐久性降低；超载作用、温差或火灾、震害、冻害、腐蚀等因素也会对钢筋混凝土结构造成损伤，影响结构的安全使用。为了确认钢筋混凝土结构的安全性和耐久性，必须对其进行检测和鉴定，进而对建筑结构可靠性进行科学评价，为结构维修与加固提供科学依据。

2.2 钢筋混凝土材料及其基本力学性能

2.2.1 钢筋的力学性能

1. 钢筋的形式和品种

（1）热轧钢筋：HPB300（A）、HRB335（B）、HRB400（C）、HRBF400（C^F）、RRB400（B^R）、HRB500（D）、HRBF500（D^F）。型号后面的数字表示钢筋抗拉强度标准值（MPa）。如 HPB300 表示：钢筋抗拉强度标准值是 300MPa 的热轧光圆钢筋。

（2）冷拉钢筋：对某些热轧钢筋进行冷加工而成，钢筋强度提高，但塑性降低。

（3）预应力钢筋：中强度预应力钢丝（800～1270MPa），预应力螺纹钢筋（980～1230MPa），消除应力钢丝（1470～1860MPa），钢绞线（1570～1960MPa）。注括号中数字表示：钢筋极限抗拉强度标准值。

（4）热处理钢筋：对某些热轧钢筋经过淬火和回火处理后而成，钢筋的强度大幅提高，而塑性降低不多。

（5）钢筋强度标准值应具有不小于 95％的保证率。

2. 钢筋的质量要求

（1）强度

钢筋的屈服强度 f_y 是设计依据（不考虑强化段的影响），极限强度 σ_b 表示钢筋抗拉强度实测值，强屈比 σ_b/f_y（或屈强比 f_y/σ_b）表示结构的可靠潜力，要求强屈比 $\sigma_b/f_y \geqslant 1.25$（屈强比 $f_y/\sigma_b \leqslant 0.8$），钢筋的屈服强度实测值与屈服强度标准值的比值不应大于 1.3（抗震等级为一、二、三级时）。

（2）塑性

1）伸长率

钢筋的伸长率越大，表示钢筋的塑性或延性越好。钢筋的断后伸长率按式（2-1）计算：

$$\delta = \frac{l_1 - l_0}{l_0} \tag{2-1}$$

式中　δ——伸长率；

　　　l_1——钢筋被拉断后的长度；

　　　l_0——钢筋的原始长度。

按一、二、三级抗震等级设计的框架和斜撑构件，纵向受力钢筋在最大拉力下的总伸长率实测值不应小于 9％。

2）冷弯性能

对明显具有屈服点的钢筋，应检验屈服强度、极限抗拉强度、伸长率、冷弯性能四项指标；对没有明显屈服点的钢筋，只需检验极限抗拉强度、伸长率、冷弯性能三项指标。

（3）可焊性

钢筋用于实际工程时，通常需要通过绑扎或焊接等方式进行连接。焊接连接具有质量较好、节约钢材等优点，一些重要工程的结构构件都要求采用焊接方式。因此，要求钢筋的可焊性能要好，以保证混凝土结构构件的质量。

（4）与混凝土的粘结锚固性能

钢筋与混凝土这两种不同物理性能的材料之间之所以能够结合在一起工作，主要基于以下三个条件：

1）钢筋与混凝土之间存在着粘结力，使两者能结合在一起。在外荷载的作用下，结构中的钢筋与混凝土协调变形，共同作用。因此，粘结力是这两种不同性质的材料能够共同工作的基础。

2）钢筋与混凝土两种材料的温度线膨胀系数接近，钢材为 1.2×10^{-5}，混凝土为 $(1.0 \sim 1.5) \times 10^{-5}$，所以钢筋与混凝土之间不致因温度变化产生较大的相对变形而使粘结力遭到破坏。

3）钢筋埋置于混凝土中，混凝土对钢筋起到了保护和固定的作用，使钢筋不容易发生锈蚀，且使其受压时不易失稳，在遭受火灾时不致因高温致使钢筋很快软化而导致结构整体破坏。因此，在混凝土结构中，钢筋表面必须留有一定厚度的混凝土保护层，这是保持二者共同工作的必要措施。

钢筋的粘结力由三部分组成：①混凝土中水泥凝胶体与钢筋表面的化学胶着力；②钢筋与混凝土接触面间的摩擦力；③钢筋表面粗糙不平的机械咬合力。

试验结果表明：光圆钢筋的粘接作用，在钢筋与混凝土间出现相对滑移前主要取决于化学胶着力，发生滑移后则由摩擦力和机械咬合力提供。光面钢筋拔出试验的破坏形态，为钢筋从混凝土中被拔出的剪切破坏，其破坏面就是钢筋与混凝土的接触面。而变形钢筋（带肋钢筋）粘结强度仍由胶着力、摩擦力和机械咬合力组成，但主要是钢筋表面突出肋与混凝土间的机械咬合力。

因此，粘结力是共同工作的基础，为了保证钢筋与混凝土的锚固效果，除强度较低的 HPB300 钢筋表面为光圆性状外，强度较高的 HRB335、HRB400 等均为带肋钢筋。

(5) 耐久性和耐火性

冷加工钢筋和预应力钢筋容易遭受腐蚀而影响表面与混凝土的粘结性能，甚至削弱截面，降低承载力。环氧树脂涂层钢筋或镀锌钢丝均可提高钢筋的耐久性，但降低了钢筋与混凝土间的粘结性能。

热轧钢筋的耐火性能最好，冷拉钢筋其次，预应力钢筋最差。

3. 钢筋的蠕变、松弛

钢筋的蠕变（徐变）：钢筋在应力（较高）不变的情况下，应变随时间增长而增长的现象。

钢筋的松弛：钢筋在应变不变的情况下，应力随时间增长而降低的现象。

在预应力混凝土结构中，预应力钢筋拉张后长度基本保持不变，钢筋会出现松弛，故而引起预应力损失。钢筋应力松弛随时间而增长，且与初始应力、温度和钢筋种类等因素有关。试验表明，钢筋应力松弛初期发展较快。钢筋应力松弛与初始应力关系很大，初始应力大，应力松弛损失一般也大。冷拉热轧钢筋松弛损失较各类钢丝和钢绞线低，钢绞线的应力松弛大于同种材料钢丝的松弛。温度增加则松弛损失增大。

4. 钢筋的疲劳破坏和疲劳强度

钢筋的疲劳破坏：钢筋在多次重复、周期性动荷载的作用下，从塑性破坏的性质转变为脆性突然断裂的现象。一般认为，在外力作用下，钢筋疲劳断裂是由钢筋内部的缺陷造成的，这些缺陷一方面引起局部的应力集中，另一方面由于重复荷载的作用，使已产生的微裂纹时而压合，时而张开，使裂痕逐渐扩展，导致最终断裂。

钢筋的疲劳强度：钢筋在一定应力幅度内，经受某一规定次数循环加载后，才发生疲劳破坏的最大应力值。影响钢筋疲劳强度的因素包括应力幅 $\sigma_{max}^f - \sigma_{min}^f$（$\sigma_{max}^f$、$\sigma_{min}^f$ 为重复荷载作用下同一层钢筋的最大应力和最小应力）、最大应力值、钢筋表面形状、钢筋强度、试验方法等。《混凝土结构设计规范》给出了各类钢筋在不同的疲劳应力比值 $\rho_f = \sigma_{min}^f / \sigma_{max}^f$ 时疲劳应力幅限制，见《混凝土结构设计规范》GB 50010 表 4.2.6-1～表 4.2.6-2。这些值是以荷载循环 2×10^6 次条件下的钢筋疲劳应力幅值为依据而确定的。

2.2.2　混凝土的力学性能

1. 混凝土的强度等级

混凝土强度等级应按立方体抗压强度标准值确定。立方体抗压强度标准值系指按标准方法制作、养护的边长为 150mm 的立方体试件，在 28d 或设计规定龄期以标准试验方法测得的具有 95％保证率的抗压强度值。

标准试件：边长为 150mm 的立方体混凝土试块；

标准养护条件：（20±3）℃，相对湿度不小于 90％；

标准试验方法：试块表面全截面均匀受压，加荷速度 0.15～0.25MPa/s。

依据《混凝土结构设计规范》GB 50010 混凝土强度等级有：C15、C20、C25、C30、C35、C40、C45、C50、C55、C60、C65、C70、C75、C80。

混凝土强度等级的选用除考虑强度要求外，还应考虑与钢筋强度的匹配，以及耐久性的要求。其中，《混凝土结构通用规范》GB 55008—2021 规定：

（1）素混凝土结构的混凝土强度等级不应低于 C20；钢筋混凝土结构的混凝土强度等级不应低于 C25；采用强度等级 400MPa 及以上的钢筋时（二级及二级以上钢筋），混凝土强度等级不应低于 C30。

（2）预应力混凝土楼板结构的混凝土强度等级不应低于 C30，其他预应力混凝土结构构件的混凝土强度等级不应低于 C30。

（3）承受重复荷载的钢筋混凝土构件，混凝土强度等级不应低于 C30。

2. 混凝土的强度指标

（1）立方体抗压强度 f_{cu}

不同尺寸的立方体试件所测得的混凝土抗压强度数值也有区别，应分别乘以表 2-1 中的强度换算系数，试件的形状（如圆柱体）对测得的强度值也有影响，也应乘以相应的换算系数。

不同尺寸的立方体试件 f_{cu} 强度换算系数　　　　表 2-1

立方体试件尺寸	强度换算系数
200mm×200mm×200mm	1.05
150mm×150mm×150mm	1.00
100mm×100mm×100mm	0.95

（2）混凝土轴心抗压强度（棱柱体强度）f_{ck}

混凝土的轴心抗压强度 f_{ck} 比立方体抗压强度更接近构件中混凝土实际受压时的强度，是混凝土结构设计计算中的重要指标。

当试件的高度 h 与截面边长 b 之比增大时，"套箍"作用减小，测得的强度值降低。$h/b=2～4$ 时，测得的抗压强度值比较稳定，规定 150mm×150mm×300mm 的试件作为试验混凝土轴心抗压强度的标准试件。试验结果按下式计算：

$$f_{ck} = \alpha_{c1}\alpha_{c2}f_{cu,k} \tag{2-2}$$

式中　　α_{c1}——棱柱体强度与立方体强度的比值，对 C50 及以下的混凝土取 $\alpha_{c1}=0.76$，对 C80 混凝土取 $\alpha_{c1}=0.82$，中间按线性规律变化；

α_{c2}——对 C40 以上的混凝土的脆性折减系数，对 C40 混凝土取 $\alpha_{c2}=1.0$，对 C80 混凝土取 $\alpha_{c2}=0.87$，中间按线性规律变化；

f_{ck}——轴心抗压强度标准值。

《混凝土结构设计规范》GB 50010 中，考虑结构中混凝土强度与试件混凝土强度之间的差异：

$$f_{ck}=0.88\alpha_{c1}\alpha_{c2}f_{cu,k} \tag{2-3}$$

（3）混凝土轴心抗拉强度 f_{tk}

混凝土的抗拉强度远小于其抗压强度，一般有 $f_{tk}\approx\left(\frac{1}{19}\sim\frac{1}{9}\right)f_{ck}$。《混凝土结构设计规范》中的计算公式：

$$f_{tk}=0.88\times0.395f_{cu,k}^{0.55}(1-1.645\delta)^{0.45}\times\alpha_{c2} \tag{2-4}$$

式中　系数 0.395 和指数 0.55——轴心抗拉强度与立方体抗压的折减关系，是根据试验数据进行统计分析后确定的；

δ——标准差；

f_{tk}——轴心抗拉强度标准值。

（4）混凝土强度设计值（f_c f_t）

混凝土强度设计值由强度标准值除混凝土材料分项系数 γ_c 确定。混凝土的材料分项系数取为 1.40。

$$轴心抗压强度设计值 f_c=f_{ck}/1.4 \tag{2-5}$$
$$轴心抗拉强度设计值 f_t=f_{tk}/1.4 \tag{2-6}$$

3. 混凝土的膨胀、收缩和徐变

（1）混凝土的徐变

徐变是指混凝土在荷载长期作用下随时间而增长的变形。影响徐变的因素很多，有应力大小、材料组成和外部环境等。试验表明，在相同的 σ/f_c 比值下，高强度混凝土的徐变比普通混凝土小得多。

在混凝土的组成成分中，水灰比越大，水泥水化后残存的游离水越多，徐变也越大；水泥用量越多，凝胶体在混凝土中所占比重也越大，徐变也越大；骨料越坚硬，弹性模量越大，以及骨料所占体积比越大，则由凝胶体流动后转给骨料压力所引起的变形也越小，徐变也越小。试验表明，当骨料所占体积比由 60% 增加到 75% 时，徐变量将减少 50%。

外部环境对混凝土的徐变有重要影响。养护环境湿度越大，温度越高，则水泥水化作用越充分，徐变就越小。混凝土在使用期间处于高温、干燥条件下所产生的徐变比低温、潮湿时明显增大。此外，由于混凝土中水分的挥发逸散和构件的体积与表面积之比有关，因而构件尺寸越大，表面积相对越小，徐变就越小。

徐变对钢筋混凝土结构的不利影响是使构件的变形增加，引起长柱的附加偏心距增加，降低承载力，引起截面应力重分布（使钢筋应力增加），在预应力混凝土结构中引起较大的预应力损失；有利影响是可减小支座不均匀沉降所产生的内力，延缓收缩裂缝的出现。

（2）混凝土的膨胀和收缩

膨胀：混凝土在水中结硬体积增大的现象。

收缩：混凝土在空气中结硬体积减小的现象。

通常情况下，混凝土的膨胀值很小，且不会对结构造成不利影响，因而研究不多；混凝土收缩容易引起结构的开裂，造成不利影响，近年来随着商品混凝土的应用，混凝土收缩值增大，开裂现象比较普遍，对混凝土收缩的研究日趋引起重视。

1）混凝土收缩特点：早期较快、以后逐渐减缓，最后趋于稳定（2 年左右），最终收缩值可达 $2 \times 10^{-5} \sim 5 \times 10^{-5}$。

2）影响混凝土收缩的因素：①在混凝土的配合比方面，水泥用量多、水灰比大、骨料粒径小，弹性模量小，收缩大；②在养护及使用环境方面，温湿度大，收缩小。

2.3 钢筋混凝土构件常见的几种受力形式

2.3.1 轴心受力与偏心受力构件

钢筋混凝土结构构件中最简单的两类受力构件为轴心受压与轴心受拉构件，实际工程中的钢筋混凝土结构构件承载力状态属于理想的"轴心受压"或"轴心受拉"的情况极少，但当构件承受的侧向力（弯矩、剪力）较小时，为简化计算，可按"轴心受力"构件考虑。

1. 轴心受压构件与偏心受压构件

利用混凝土构件承受以轴向压力为主的内力，可以充分发挥混凝土材料的强度优势，因而在工程结构中混凝土受压构件应用较为普遍。例如，多层和高层建筑中的框架柱、剪力墙、筒体，单层厂房中的排架柱、屋架上弦杆，桥梁结构中的桥墩、拱、桩等均为受压构件。

受压构件按其受力情况可分为轴心受压构件、单向偏心受压构件和双向偏心受压构件三类。对于单一均质材料的构件，当轴向压力的作用线与构件截面形心轴线重合时为轴心受压，不重合时为偏心受压。钢筋混凝土构件情况比较复杂，一则混凝土是非均质材料，二则钢筋也未必对称设置，因而要准确确定截面的物理轴心比较困难。在工程上为了方便，一般不考虑混凝土的不均质性及钢筋不对称布置的影响，近似地用轴向压力的作用点与构件正截面形心的相对位置来划分构件的类型。当轴向压力的作用点位于构件正截面重心时，为轴心受压构件；当轴向压力的作用点只对正截面的一个主轴有偏心时，为单向偏心受压构件；当轴向压力的作用点对构件正截面的两个主轴都有偏心距时，为双向偏心受压构件。

钢筋混凝土轴心受压短柱的破坏是因材料达到各自极限强度而导致的，但钢筋混凝土轴心受压长柱的强度比同样截面的短柱要低，反映降低程度的稳定系数是以实测统计基础确定的。

螺旋式（或焊接环式）箍筋通过对核心混凝土的约束，可间接地提高构件的承载力。试验及分析结果表明，螺旋式（或焊接环式）箍筋对构件承载力的提高比等体积的纵筋对构件承载力的贡献高得多，所以这种以横向约束提高构件承载力的办法非常有效，也常用于受压构件的工程加固。

偏心受压构件是以受拉钢筋首先屈服还是受压混凝土首先压碎来判别大、小偏心受压破坏类型的，所以与受弯构件一致，也可以以 $\xi \leqslant \xi_b$ 或 $\xi > \xi_b$ 来判别构件的破坏类型。

钢筋混凝土偏心受压长柱承载力计算要考虑外载作用下因构件弹塑性变形引起的附加偏心的影响，偏心距增大系数与轴心受压构件的稳定系数，都主要与构件的长细比有关。

2. 轴心受拉构件与偏心受拉构件

混凝土的抗拉强度很低，利用素混凝土抵抗拉力是不合理的。但对钢筋混凝土受拉构件，在不大的轴线拉力作用下，混凝土开裂退出工作后，裂缝截面的拉力可由钢筋承受。此时，钢筋周围的混凝土可起保护钢筋的作用，裂缝之间的混凝土也能协助钢筋抵抗部分拉力。

与受压构件类似，受拉构件也可分为轴心受拉与偏心受拉。在工程实际中，理想的轴心受拉构件实际上是不存在的。但是，对于桁架式屋架或托架的受拉弦杆和腹杆以及拱的拉杆，当自重和节点约束引起的弯矩很小时，可近似按轴心受拉构件计算。

2.3.2 受弯构件

受弯构件是指截面上通常有弯矩和剪力共同作用而轴力可以忽略不计的构件。它是土木工程中数量最多，使用面最广的一类构件。梁和板的区别在于梁的截面高度一般大于其宽度，而板的截面高度则远小于其宽度。

钢筋混凝土受弯构件由于配筋率的不同，可分为少筋构件、适筋构件和超筋构件三类。少筋构件和超筋构件破坏前无明显的预兆，有可能造成巨大的生命和财产损失。设计时应避免将受弯构件设计成少筋构件和超筋构件。

适筋受弯构件从开始加载至构件破坏，正截面经历三个受力阶段。第Ⅰ阶段末为受弯构件抗裂计算依据；第Ⅱ阶段是受弯构件变形和裂缝宽度计算的依据；第Ⅲ阶段末是受弯构件正截面承载力的计算依据。

建筑工程与公路桥涵工程尽管各自承受荷载的性质、所处环境以及要求的设计使用年限等的不同，但是关于受弯构件正截面承载力计算中所用的基本假定和计算方法却大同小异。

2.3.3 受剪构件

受弯构件在弯矩和剪力共同作用的区段常常产生斜裂缝，并可能沿斜截面发生破坏。斜截面破坏带有脆性破坏的性质，应当避免，在设计时必须进行斜截面承载力的计算。为防止受弯构件发生斜截面破坏，应使构件有一个合理的截面尺寸，并配置必要的腹筋。

1. 剪跨比

试验表明，梁的受剪性能与梁截面上弯矩 M 和剪力 V 的相对大小有很大关系。定义 $\lambda = \dfrac{M}{V h_0}$ 为广义剪跨比，简称剪跨比。剪跨比 λ 是一个能反映梁斜截面受剪承载力变化规律和区分发生各种剪切破坏形态的参数。

对于集中荷载作用下的简支梁，P_1、P_2 作用点截面的剪跨比可分别表示为：

$$\lambda_1 = \frac{M_1}{V_A h_0} = \frac{V_A a_1}{V_A h_0} = \frac{a_1}{h_0} \tag{2-7}$$

$$\lambda_2 = \frac{M_2}{V_B h_0} = \frac{V_B a_2}{V_B h_0} = \frac{a_2}{h_0} \tag{2-8}$$

式中 a_1、a_2 分别为集中荷载 P_1、P_2 作用点至相邻支座的距离，称为剪跨比（图

2-1)。剪跨 a 与截面有效高度的比值，称为计算剪跨比，即

$$\lambda = \frac{a}{h_0} \qquad (2\text{-}9)$$

2. 梁沿斜截面破坏主要形态

试验研究表明，梁在斜裂缝出现后，由于剪跨比和腹筋数量的不同，梁沿斜截面破坏的形态主要有斜压破坏、剪压破坏和斜拉破坏三种类型。

（1）斜压破坏。当梁的剪跨比较小（$\lambda < 1$），或剪跨比适当（$1 < \lambda < 3$），但截面尺寸过小而腹筋数量过多时，常发生斜压破坏。这种破坏形态是斜裂缝首先在梁腹部出现，有若干条，并且大致相互平行。随着荷载增加，斜裂缝一端向支座、另一端向荷载作用点发展，梁腹部被这些斜裂缝分割成若干个倾斜的受压柱体，最后是因为斜压柱体被压碎而破坏，故称为斜压破坏（图 2-2）。

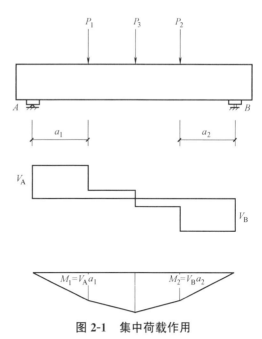

图 2-1　集中荷载作用

（2）剪压破坏。当梁的剪跨比适当（$1 < \lambda < 3$），且梁中腹筋数量不过多时，或梁的剪跨比较大（$\lambda > 3$），但腹筋数量不过少时，常发生剪压破坏。这种破坏是梁的弯剪段下边缘先出现初始垂直裂缝，随着荷载的增加，这些初始垂直裂缝将大体上沿着主压应力轨迹向集中荷载作用点延伸。当荷载增加到某一数值时，在几条斜裂缝中会形成一条主要的斜裂缝，这一斜裂缝被称为临界斜裂缝。临界斜裂缝形成后，梁还能继续承受荷载。最后，与临界斜裂缝相交的箍筋应力达到屈服强度，斜裂缝宽度增大，导致剩余截面减少，剪压区混凝土在剪压复合应力作用达到混凝土复合受力强度而破坏，梁丧失受剪承载力。这种破坏称为剪压破坏（图 2-3）。

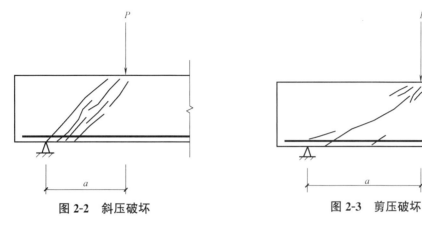

图 2-2　斜压破坏　　　　　　　　　　图 2-3　剪压破坏

（3）斜拉破坏。当梁的剪跨比较大（$\lambda > 3$），同时梁内配置的腹筋数量又过少时，将发生斜拉破坏。在这种情况下，斜裂缝一出现，即很快形成临界斜裂缝，并迅速延伸到集

中荷载作用点处。因腹筋数量过少，所以腹筋应力很快达到屈服强度，变形剧增，不能抑制裂缝的开展，梁斜向被拉裂形成两部分而突然破坏。这种破坏是混凝土在正应力 σ 和剪应力 τ 共同作用下发生的主拉应力破坏，故称为斜拉破坏。发生斜拉破坏的梁，其斜截面受剪承载力主要取决于混凝土的抗拉强度（图 2-4）。

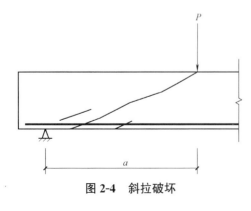

图 2-4 斜拉破坏

由上述梁的斜截面破坏形态知，影响受弯构件斜截面受剪承载力的因素主要有剪跨比、混凝土强度、配箍率和箍筋强度、纵向钢筋的配筋率等。

钢筋混凝土受弯构件斜截面破坏的各种形态中，斜压破坏和斜拉破坏可以通过一定的构造措施来避免。对于常见的剪压破坏、因为梁的受剪承载力变化幅度较大，设计时则必须进行计算，《混凝土结构设计规范》GB 50010 的基本公式就是根据这种破坏形态的受力特征而建立的。受剪承载力计算公式有适用范围，其界面限制条件是为了防止斜压破坏，最小配筋率和箍筋的构造规定是为了防止斜拉破坏。

以计算剪跨比代替广义剪跨比，简支梁受剪承载力计算公式仍可适用于连续梁。翼缘对提高 T 形截面梁的受剪承载力并不明显，在计算 T 形截面梁的受剪承载力时，仍应取腹板宽度来计算。

《混凝土结构设计规范》GB 50010 中 6.3.1 条：矩形、T 形和 I 形截面受弯构件的受剪承载力应符合下列条件：

当 $h_w/b \leqslant 4$ 时

$$V \leqslant 0.25\beta_c f_c b h_0 \tag{2-10}$$

当 $h_w/b \geqslant 6$ 时

$$V \leqslant 0.2\beta_c f_c b h_0 \tag{2-11}$$

当 $4 < h_w/b < 6$ 时，按线性内插法确定。

式中　V——构件斜截面上的最大剪力设计值；

　　　β_c——混凝土强度影响系数：当混凝土强度等级不超过 C50 时，β_c 取 1.0；当混凝土强度等级为 C80 时，β_c 取 0.8；期间按线性内插法确定；

　　　b——矩形截面的宽度，T 形截面或 I 形截面的腹板宽度；

　　　h_0——截面有效高度；

　　　h_w——截面的腹板高度：矩形截面，取有效高度；T 形截面，取有效高度减去翼缘高度；I 形截面，取腹板净高。

2.3.4 受扭构件

扭转是结构构件受力的一种基本形式。构件截面受有扭矩，或者截面所的剪力合力不通过构件截面的弯曲中心，截面受扭。工程中的扭转作用根据其形成原因可分为两类：平衡扭矩和协调扭矩。平衡扭矩是由荷载作用直接引起的，可用结构的平衡条件求得。协调扭矩是由于超静定结构构件之间的连续性在某些构件中引起的扭矩。

在实际工程中，单纯受扭的构件很少，一般都伴随有弯、剪、压等一种或多种效应的复合作用。如吊车梁、框架边梁、雨篷梁、螺旋楼梯等均属于弯、剪、扭或压、弯、剪、扭共同作用下的结构。

1. 素混凝土纯扭构件的受扭性能

对于素混凝土受扭构件，当主拉应力达到混凝土的抗拉强度时，构件将开裂。试验结果表明，在扭矩作用下，矩形截面素混凝土构件先在构件的一个长边中点附近沿着 45°方向被拉裂，并迅速延伸至长边的上下边缘，然后在两个短边裂缝又大致沿 45°方向延伸，当斜裂缝延伸到另一长边边缘时，在该长边形成受压破损线，使构件断裂成两半，形成三面开裂、一面受压的空间扭曲破坏面。

2. 钢筋混凝土纯扭构件的受扭性能

钢筋混凝土受扭构件当抗扭钢筋配置适当时，扭矩 T 和扭转角 θ 的关系曲线，在加载初期，截面扭转变形很小，受力性能与素混凝土构件相似，扭矩和扭转角之间大体上呈线性关系，构件的抗扭刚度相对较大。加载至构件出现斜裂缝后，由于混凝土部分卸载，钢筋应力明显增加，扭转角加大，构件的抗扭刚度明显降低，T-θ 曲线上出现较短的水平段。随着扭矩的增加，扭转角增加较快，裂缝数量及宽度逐渐加大，在构件的四个表面形成大体连续的与构件纵轴承某个角度的螺旋裂缝。当施加的扭矩接近极限扭矩时，构件某一长边上的斜裂缝中有一条发展为临界斜裂缝，与这条斜裂缝相交的箍筋应力或纵筋应力将首先达到屈服强度，构件产生较大的非弹性变形。当达到极限扭矩时，临界斜裂缝沿截面短边延伸发展，与短边上临界斜裂缝相交的箍筋应力和纵筋应力相继达到屈服强度，斜裂缝将不断加宽，直到沿空间扭曲破坏面受压边混凝土被压碎后，构件破坏。受扭构件上述破坏特征，只有当箍筋和纵筋都配置适量时才能出现，故称为适筋受扭破坏，属于塑性破坏。

当箍筋和纵筋或其中之一配置过少时，其破坏特征与素混凝土构件相似，破坏是脆性的，称为少筋受扭破坏。

当箍筋和纵筋的数量一种过多而另一种基本适当时，则构件破坏前只有数量适当的那种钢筋应力达到

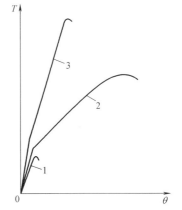

图 2-5　扭矩扭转角关系曲线
1—抗扭钢筋过少；2—抗扭钢筋适量；
3—抗扭钢筋过多

受拉屈服强度，另一种钢筋应力直到受压边混凝土被压碎仍未达到屈服强度，这种情况称为部分超筋受扭破坏。由于仍有一种钢筋应力达到屈服强度，破坏仍有一定的塑性特征。

当箍筋和纵筋都配置过多时，在扭矩作用下，破坏前的螺旋形裂缝多而密，待构件破坏时，这些裂缝的宽度仍然不大。构件的受扭破坏是由于裂缝间的混凝土被压碎而引起的，破坏时箍筋和纵筋应力均未达到屈服强度，破坏具有脆性性质。这种破坏称为完全超筋受扭破坏。

2.4 预应力混凝土结构的基本知识

2.4.1 预应力混凝土的基本知识

普通钢筋混凝土构件是有钢筋和混凝土自然地结合在一起而共同工作的。这种构件的最大缺点是抗裂性能差。由于混凝土的极限拉应变很小，在使用荷载作用下受拉区混凝土开裂，使构件的刚度降低，变形增大。裂缝的存在使构件不适用于高湿度及侵蚀环境。为了满足对变形和裂缝控制的较高要求，可以加大构件截面尺寸和用钢量，但这不经济。自重太大时构件所能承受的自重以外的有效荷载减少，因而特别不适用于大跨度、重荷载的结构。另外，提高混凝土强度等级和钢筋强度对改善构件的抗裂和变形性能效果也不大，这是因为采用高强度等级的混凝土，其抗拉强度提高很少；对于使用时允许裂缝宽度为 $0.2\sim0.3$mm 的构件，受拉钢筋应力只能达到 $150\sim250$MPa 左右，这与热轧带肋的 HRB400 级和 HRB335 级钢筋及光圆的 HPB300 级和 RRB400 级钢筋的正常工作应力相近，即在普通钢筋混凝土结构中采用高强度的钢筋是不能充分发挥作用的。

预应力混凝土是改善构件抗裂性能的有效途径。在混凝土构件受外荷载之前，对其受拉区预先施加压应力，就成为预应力混凝土结构。这种预压应力可以部分或全部抵消外荷载产生的拉应力，因而可减少甚至避免裂缝的出现。

2.4.2 预应力混凝土分类

根据制作、设计和施工的特点，预应力混凝土可以有不同的分类。

1. 先张法与后张法

先张法是制作预应力混凝土构件时，先张拉预应力钢筋后浇灌混凝土的一种方法，而后张法是先浇灌混凝土，待混凝土达到规定强度后再张拉预应力钢筋的一种预加应力方法。

2. 全预应力和部分预应力

全预应力是在使用荷载作用下，构件截面混凝土不出现拉应力，即为全截面受压。部分预应力是在使用荷载作用下，构件截面混凝土允许出现拉应力或开裂，即只有部分截面受压。部分预应力又分为 A、B 两类：A 类指在使用荷载作用下，构件预压区混凝土正截面的拉应力不超过规定的允许值；B 类指在使用荷载作用下，构件预压区混凝土正截面的拉应力允许超过规定的限制，但当裂缝出现时其宽度不超过允许值。

3. 有粘结预应力与无粘结预应力

有粘结预应力，是指沿预应力筋全长周围均与混凝土粘结、握裹在一起的预应力。先张预应力结构及预留孔道穿筋压浆的后张预应力结构均属此类。

无粘结预应力，指预应力钢筋伸缩、滑动自由，不与周围混凝土粘结的预应力。这种结构的预应力钢筋表面涂有防锈材料，外套防老化的塑料管，防止与混凝土粘结。无粘结预应力混凝土结构通常与后张预应力工艺相结合。

2.4.3 施加预应力的方法

通常通过机械张拉钢筋给混凝土施加预应力，按照施工工艺的不同，可分为先张法和后张法两种。

（1）先张法：采用工具式锚具或夹具（可重复使用），依靠钢筋和混凝土之间的粘结力来传递预加应力，大多用于直线形预应力筋的张拉。适用于在预制构件厂批量生产、方便运输的中小型预制构件，如预应力梁板、轨枕、水管、电杆等。

（2）后张法：采用工作锚具（不可重复使用），锚具作为结构构件的一部分永远安装在构件上，依靠锚具保持和传递预加应力，既可用于直线形预应力钢筋的张拉，又可用于曲线形预应力钢筋的张拉。适用于现场成型的大型结构或构件。

2.4.4　预应力混凝土使用的材料和机具

1. 对预应力钢筋的要求

对预应力钢筋的要求包括：①高强度；②与混凝土之间有足够的粘结强度；③良好的加工性；④具有一定的塑性（防止脆断）。

2. 对混凝土的基本要求

对混凝土的基本要求包括：①高强度；②收缩、徐变小；③快硬、早强。

3. 对锚具的要求

对锚具的要求包括：①受力可靠；②预应力损失小；③张拉设备轻便简单、放松张拉简易快速；④构造简单、制作方便、价格低廉。

4. 常用锚具的形式

常用锚具的形式包括：①锥形锚；②镦头锚；③螺纹锚；④夹片锚等。

2.4.5　预应力混凝土特点

在预应力混凝土中，一般是通过张拉钢筋（仅张拉后称为预应力钢筋）给混凝土施加预压应力的，其中预应力钢筋受到很高的拉应力，而混凝土主要处于受压应力状态，因此，可以更好地发挥钢筋与混凝土各自的优势，是两种材料的理想结合。预应力混凝土与普通钢筋混凝土相比，有如下特点：

（1）提高了构件的抗裂能力。因为承受外荷载之前预应力混凝土构件的受拉区已有预压应力存在，所以在外荷载作用下，只有当混凝土的预压应力被全部抵消转而受拉且拉应变超过混凝土的极限拉应变时，构件才开裂。而普通钢筋混凝土构件中不存在预压应力，其开裂荷载的大小仅由混凝土的极限抗拉强度（为抗压强度的 1/10 左右）所决定，因而抗裂能力很低。

（2）增大了构件的刚度。因为预应力混凝土构件正常使用时，在荷载效应标准组合下可能不开裂或只有很小的裂缝，混凝土基本处于弹性阶段工作，因而构件的刚度比普通钢筋混凝土构件有所增大。

（3）充分利用高强度材料。如前所述，普通钢筋混凝土构件不能充分利用高强度材料。而预应力混凝土构件中，预应力钢筋先被预拉，而后在外荷载作用下钢筋拉应力进一步增大，因而始终处于高拉应力状态，即能够有效利用高强度钢筋；而且钢筋的强度高，可以减小所需要的钢筋截面面积。与此同时，应该尽可能采用高强度等级的混凝土，以便于高强度钢筋相配合，获得较经济的构件截面尺寸。

（4）扩大了构件的应用范围。由于预应力混凝土改善了构件的抗裂性能，因而可用于有防水、抗渗透及抗腐蚀要求的环境。

如上所述，预应力混凝土构件有很多优点，但它也存在一定的局限性，因而并不能完全代替普通钢筋混凝土构件。预应力混凝土具有施工工序多、对施工技术要求高且需要张拉设备、锚夹具及劳动费用高等特点，因此特别适用于普通钢筋混凝土构件力不能及的情形（如大跨度及重荷载结构）。

2.4.6 张拉控制应力

张拉控制应力 σ_{con} 是指张拉预应力钢筋时张拉设备的测力仪表所指示的总张拉力除以预应力钢筋截面面积得出的拉应力值。对于如钢制锥形锚具等一些因锚具构造影响而存在（锚圈口）摩阻力的锚具，σ_{con} 指经过锚具、扣除此摩阻力后的应力值。因此，σ_{con} 是指张拉预应力筋时的锚下张拉控制应力。

σ_{con} 是施工时张拉预应力筋的依据，其取值应适当。当构件截面尺寸及配筋量一定时，σ_{con} 越大，在构件受拉区建立的混凝土预压应力也越大，则构件使用时的抗裂度也越高。但过大的 σ_{con} 会产生如下问题：①个别钢筋可能被拉断；②施工阶段可能会引起构件某些部位受到拉力（称为预拉区）甚至开裂，还可能使后张法构件端部混凝土产生局部受压破坏；③使开裂荷载与破坏荷载相近，一旦出现裂缝，将很快破坏，即可能产生无预兆的脆性破坏。另外，σ_{con} 过大，还会增大预应力钢筋的松弛损失。综上所述，对 σ_{con} 应规定上限值；同时，为了保证构件中建立必要的有效预应力，σ_{con} 也不能过小，即 σ_{con} 也应有下限值。

根据国内外设计与施工经验以及近年来的科研成果，混凝土规范按不同钢筋种类及不同施加预应力方法，规定预应力钢筋的张拉控制应力值 σ_{con} 不宜超过表 2-2 规定的张拉控制应力限值，消除应力钢丝、钢绞线、中强度预应力钢丝的张拉控制应力不应小于 $0.4f_{ptk}$；预应力螺纹钢筋的张拉控制应力值不宜小于 $0.5f_{pyk}$。

张拉控制应力限值表　　　　　　　　　　　　　　表 2-2

钢筋种类	张拉控制应力
消除应力钢丝、钢绞线	$0.75f_{ptk}$
中强度预应力钢丝	$0.70f_{ptk}$
预应力螺纹钢筋	$0.85f_{pyk}$

注：当符合下列情况之一时，表中的张拉控制应力限值可提高 $0.05f_{ptk}$ 或 $0.05f_{pyk}$：

1. 要求提高构件在施工阶段的抗裂性能而在使用阶段受压区内设置的预应力筋。
2. 要求部分抵消由于应力松弛、摩擦、钢筋分批张拉以及预应力钢筋与张拉台座之间的温差等因素产生的预应力损失。

2.4.7 预应力损失

将预应力钢筋张拉到控制应力 σ_{con} 后，由于各种原因，其拉应力值将逐渐下降到一定程度，即存在预应力损失。经损失后预应力钢筋的应力才会在混凝土中建立相应的有效预应力。因此，只有正确认识和计算预应力钢筋的预应力损失，才能比较准确地估计混凝土中的预应力水平。

1. 张拉锚具变形和钢筋内缩引起的预应力损失 σ_{l1}

无论先张法临时固定预应力钢筋还是后张法张拉完毕锚固预应力钢筋，在张拉端由于锚具的压缩变形，锚具与垫板之间、垫板与垫板之间、垫板与构件之间的所有缝隙被挤紧，或由于钢筋、钢丝、钢绞线在锚具内的滑移使得被拉紧的预应力钢筋松动缩短，从而引起预应力损失。

由于锚具变形和预应力钢筋的内缩引起的预应力损失 σ_{l1} 应按下式计算

$$\sigma_{l1} = \frac{a}{l} E_s \tag{2-12}$$

式中　a——张拉端锚具变形和钢筋内缩值（mm），可按表 2-3 采用；

　　　　l——张拉端至锚固端之间的距离（mm）；

　　　　E_s——预应力钢筋的弹性模量。

锚具变形和钢筋内缩值 a（mm）　　　　　　　　　　　表 2-3

锚具类别		a
支承式锚具(钢丝束墩头锚具等)	螺帽缝隙	1
	每块后加垫板缝隙	1
夹片式锚具	有预压时	5
	无预压时	6～8

注：1. 表中的锚具变形和钢筋内缩值也可根据实测资料确定；

　　2. 其他类型的锚具变形和钢筋内缩值应根据实测数据确定。

公式中，a 越小或 l 越大，则 σ_{l1} 越小。为了减小锚具变形和钢筋内缩引起的预应力损失 σ_{l1}，应尽量少用垫板，因为每增加一块垫板，a 值就增加 1mm。先张法采用长线台座张拉时，σ_{l1} 较小；而后张法中构件长度越大，则 σ_{l1} 越小。

2. 预应力钢筋与孔道壁之间的摩擦引起的预应力损失 σ_{l2}

后张法预应力钢筋的预留孔道分直线形和曲线形。由于孔道的制作偏差、孔道壁粗糙以及钢筋与孔壁的挤压等原因，张拉预应力筋时钢筋将与孔壁发生摩擦。距离张拉端越远，摩阻力的积累值越大，从而使构件每一截面上预应力钢筋的拉应力值逐渐减小，这种预应力值差额称为摩擦损失 σ_{l2}。

先张法构件当采用折线形预应力钢筋时，在转向装置处也有摩擦力，由此产生的预应力钢筋摩擦损失按实际情况考虑。

减少 σ_{l2} 的措施：①进行超张拉；②采用两端张拉。

3. 混凝土加热养护时受张拉的钢筋与承受拉力的设备之间的温差引起的预应力损失 σ_{l3}

制作先张拉构件时，为了缩短生产周期，常采用蒸汽养护，促使混凝土快硬。当新浇筑的混凝土尚未结硬，加热升温，预应力钢筋伸长，但两端的台座因与大地相接，温度基本上不升高，台座间距保持不变，即由于预应力钢筋与台座间形成温差，使预应力钢筋内部紧张程度降低，预应力下降。降温时，混凝土已经结硬并与预应力钢筋结成整体，钢筋应力不能复原，于是产生了预应力损失 σ_{l3}。

减少 σ_{l3} 的措施：①采用两阶段升温；②采用钢模生产先张法构件。

4. 预应力钢筋的应力松弛引起的预应力损失 σ_{l4}

应力松弛是指钢筋受力后在长度不变的条件下，钢筋应力随时间的增长而降低的现象。先张法当预应力钢筋固定于台座或后张法当预应力钢筋锚固于构件上时，都可看成钢筋长度基本不变，因而将发生预应力钢筋的应力松弛损失。

试验证明，应力松弛损失值与钢种有关，钢种不同，则损失大小不同；另外，张拉控制应力 σ_{con} 越大，则 σ_{l4} 也大；应力松弛的发生是先快后慢，第一小时可完成 50% 左右，24 小时内完成 80% 左右，此后发展较慢而逐渐趋于稳定。

减少 σ_{l4} 的措施：采用超张拉工艺（或采用低松弛钢筋）。

5. 混凝土的收缩和徐变引起的预应力损失 σ_{l5}

混凝土在空气中结硬时体积收缩，混凝土沿压力方向发生徐变。收缩、徐变都是导致预应力混凝土构件的长度缩短，钢筋也随之收缩，产生预应力损失 σ_{l5}。由于收缩和徐变均使预应力钢筋回缩，二者难以分开，所以通常合在一起考虑。

减少 σ_{l5} 的措施：可采取减小混凝土收缩、徐变的各种措施。

6. 用螺旋式预应力钢筋作配筋的环形构件由于混凝土的局部挤压引起的预应力损失 σ_{l6}

后张法施工时，环形构件采用螺旋预应力筋对混凝土局部挤压，钢筋处构件的直径由原来的 d 减小到 d_1，一圈内钢筋周长减小，预拉应力下降。

$$\sigma_{l6} = \frac{\pi d - \pi d_1}{\pi d} E_s = \frac{d - d_1}{d} E_s \tag{2-13}$$

由上式可知，构件的直径 d 越大，则 σ_{l6} 越小。因此，当 d 较大时，这项的损失可以忽略不计。《混凝土结构设计规范》规定：

当构件直径 $d \leqslant 3m$ 时，$\sigma_{l6} = 30 N/mm^2$；

当构件直径 $d > 3m$ 时，$\sigma_{l6} = 0$。

7. 预应力损失的组合

不同施加预应力方法，产生的预应力损失也不同。一般对于先张法构件的预应力损失有 σ_{l1}、σ_{l3}、σ_{l4}、σ_{l5}，而后张法构件有 σ_{l1}、σ_{l2}、σ_{l4}、σ_{l5}（当为环形构件时还有 σ_{l6}）。

预应力钢筋的有效预应力 σ_{pe} 定义：锚下张拉控制应力 σ_{con} 扣除相应应力损失 σ_l 并考虑混凝土弹性压缩引起的预应力钢筋应力降低后，在预应力钢筋内存在的预拉应力。因为各项预应力损失是先后发生的，则有效预应力亦随不同受力阶段而变。

在实际计算中，以"预压"为界，把预应力损失分成两批。所谓"预压"，对先张法，是指放松预应力钢筋（简称放张），开始给混凝土施加预应力的时刻；对后张法，指张拉预应力钢筋至 σ_{con} 并加以锚固的时刻。预应力混凝土构件在各阶段的预应力损失值宜按表 2-4 的规定进行组合。

各阶段预应力损失值的组合表 表 2-4

预应力损失值的组合	先张法构件	后张法构件
混凝土预压前(第一批)的损失	$\sigma_{l1} + \sigma_{l2} + \sigma_{l3} + \sigma_{l4}$	$\sigma_{l1} + \sigma_{l2}$
混凝土预压后(第二批)的损失	σ_{l5}	$\sigma_{l4} + \sigma_{l5} + \sigma_{l6}$

注：先张法构件由于钢筋应力松弛引起的损失 σ_{l4} 在第一批和第二批中所占的比例如何区分，可根据实际情况确定。

第一批损失记以 σ_{lI}，第二批损失记以 σ_{lII}。考虑到预应力损失计算值与实际值的差异，并为了保证预应力混凝土构件具有足够的抗裂能力，应对预应力总损失做最低限值的规定。《混凝土结构设计规范》规定，当计算求得的预应力总损失值小于下列数值时，应按下列数值取用：先张法构件为 $100\text{N}/\text{mm}^2$，后张法构件为 $80\text{N}/\text{mm}^2$。

8. 预应力度的涵义

预应力度的涵义见表 2-5。

预应力度的涵义　　　　　　　　　　　　　　表 2-5

构件类型	计算公式	符号涵义
受弯构件	$\lambda = \dfrac{M_0}{M}$	M_0—消压弯矩，即控制截面受拉边缘混凝土应力为零时的弯矩；
	$M_0 = \sigma_{pc} W_0$	M—荷载短期效应组合下控制截面的弯矩；σ_{pc}—扣除全部预应力损失后混凝土的预压应力
轴心受拉构件	$\lambda = \dfrac{N_0}{N}$	N_0—消压轴力，即截面混凝土应力为零时的轴心拉力；
	$N_0 = \sigma_{pc} A_0$	N—荷载短期效应组合下控制截面的轴心拉力

9. 预应力混凝土构件的分类

预应力混凝土构件的分类见表 2-6。

预应力混凝土构件的分类　　　　　　　　　　表 2-6

分类	预应力度	裂缝控制等级	构件受拉边缘混凝土应力
全预应力混凝土构件	$\lambda \geqslant 1$	一级：严格要求不出现裂缝的构件	按荷载标准组合计算时，不出现拉应力，即 $\sigma_{ck} - \sigma_{pc} \leqslant 0$
A类：有限预应力混凝土构件		二级：一般要求不出现裂缝的构件	按荷载标准组合计算时，拉应力不应大于混凝土抗拉强度标准值，即 $\sigma_{ck} - \sigma_{pc} \leqslant f_{tk}$
B类：部分预应力混凝土构件	$0 < \lambda < 1$	三级：允许出现裂缝的构件	最大裂缝宽度按荷载准永久组合并考虑长期作用影响计算时，不大于规范允许值，即 $\omega_{max} \leqslant [\omega]$，$[\omega]$ 为裂缝宽度允许值
钢筋混凝土构件	$\lambda = 0$		

第3章　砌体结构基本概念

3.1　概　　述

砌体结构是指用砖、石或块材，用砂浆砌筑的结构。砌体按照所采用的块材的不同分为砖砌体、石砌体和砌块砌体。砌体结构之所以长期被人们采用并保持强大的生命力，是因为它具有一系列的优点，主要体现在以下几方面：

（1）原材料来源广泛，易于就地取材加工。

（2）砌体结构具有良好的耐火性和耐久性。一般情况下，烧结砖砌体可耐受 400℃ 左右的高温。砌体具有较好的化学稳定性和大气稳定性，可满足预期耐久性要求。

（3）砌体结构具有良好的保温、隔热和隔音性能。

（4）砌体结构的施工设备和方法简单，施工的适应性较强。

（5）砌体结构节约水泥、钢材和木材，造价低廉。

砌体结构的主要缺点：

（1）砌体结构的强度低，因而墙、柱的截面尺寸大、材料用量大、结构的自重大，导致运输和施工的工作量大。

（2）无筋砌体的抗拉、抗弯和抗剪强度较低，加之砌体自重大导致的地震作用较大，所以无筋砌体结构的抗震性能差。

（3）砌体结构基本是手工砌筑，劳动强度大，劳动效率低。

3.2　砌体材料及其基本力学性能

3.2.1　块体性能

砌体可分为以下几类：烧结普通砖、烧结多孔砖、非烧结硅酸盐砖、混凝土砌块、石材等。

黏土砖对砌体性能的主要影响：

1. 强度。指抗压强度和抗折强度。其中抗压强度较高，抗折强度相对较低，它们之间有一定的关系。

2. 吸水率和饱和系数。反映砖体的密实度，以及对砂浆中水分的吸收能力。

3. 质地。指原材料中含有可溶性盐类（如硫酸钠）和石灰石过多，会导致砖块开裂、砖体爆裂。

4. 抗风化性能。指在干湿、温度、冻融变化等物理因素下，材料保持原有性能的能力。它对砌体结构构件的耐久性有重要影响。

5. 外观质量。指尺寸偏差、弯曲度、砖棱掉角等。

粉煤灰砌块对砌体性能的主要影响因素有立方体抗压强度、人工碳化后强度、抗冻性、密度、干缩值、外观质量等。

混凝土小型空心砌块对砌体性能的主要影响因素有砌块抗压强度、干缩率、自然碳化系数、抗冻性、外观质量等。

料石对砌体性能的主要影响因素有立方体（边长 70mm）抗压强度、表观密度、吸水性、耐水性（软化系数）、抗冻性、风化程度等。

3.2.2　块体强度等级

按标准试验方法得到的，以 MPa 表示块体抗压强度平均值，称为块体的强度等级。

1. 砖强度等级的确定及划分

烧结普通砖、烧结多孔砖的强度等级为：MU30、MU25、MU20、MU15、MU10。蒸压粉煤灰砖、蒸压灰砂砖的强度等级为：MU25、MU20、MU15、MU10。其中 MU 表示砌体中的块体，其后数字表示块体的强度大小，单位为 MPa。确定粉煤灰砖的强度等级时应乘以自然碳化系数，当无自然碳化系数时，可取人工碳化系数的 1.15 倍。

确定砖的强度等级时，抽取 10 块试样，分别从长边的中间处切断，用水泥砂浆将半块砖两两重叠粘在一起，经养护后进行抗压强度试验，并计算出单块强度、平均强度、强度标准值和变异系数，据此来评定砖的强度等级。烧结普通砖、烧结多孔砖的强度等级分别见表 3-1 和表 3-2。

烧结普通砖的强度等级指标（MPa）　　　　　　　　　　　　　　　　表 3-1

强度等级	抗压强度平均值 $\bar{f}$ 不小于	变异系数 $\delta \leqslant 0.21$	变异系数 $\delta > 0.21$
		强度标准值 f_k 不小于	单块最小抗压强度值 f_{min} 不小于
MU30	30.0	22.0	25.0
MU25	25.0	18.0	22.0
MU20	20.0	14.0	16.0
MU15	15.0	10.0	12.0
MU10	10.0	6.5	7.5

烧结多孔砖的强度等级指标（MPa）　　　　　　　　　　　　　　　　表 3-2

强度等级	抗压强度（MPa）		抗折荷重（kN）	
	平均值不小于	单块最小值不小于	平均值不小于	单块最小值不小于
MU30	30.0	22.0	13.5	9.0
MU25	25.0	18.0	11.5	7.5
MU20	20.0	14.0	9.5	6.0
MU15	15.0	10.0	7.5	4.5
MU10	10.0	6.0	5.5	3.0

2. 蒸压灰砂砖的强度等级

蒸压灰砂砖强度等级应符合表 3-3。

强度等级	抗压强度		抗折强度	
	平均值不小于	单块最小值不小于	平均值不小于	单块最小值不小于
MU25	25.0	20.0	5.0	4.0
MU20	20.0	16.0	4.0	3.2
MU15	15.0	12.0	3.3	2.6
MU10	10.0	8.0	2.5	2.0

蒸压灰砂砖的强度等级指标　　　　　表 3-3

3. 混凝土空心砌块的强度等级

确定混凝土空心砌块的强度等级是根据标准试验方法，按毛截面面积计算的极限抗压强度 MPa 值来划分的。混凝土小型砌块的强度等级为：MU20、MU15、MU10、MU7.5 和 MU5.0；轻集料混凝土小型空心砌块的强度等级为：MU10、MU7.5 和 MU5.0；非承重砌块的强度等级为：MU3.5；混凝土小型空心砌块的强度等级指标见表 3-4 对掺有粉煤灰 15% 以上的混凝土砌块，在确定其强度等级时，砌块抗压强度应乘以自然碳化系数，当无自然碳化系数时，可取人工碳化系数的 1.15 倍。

混凝土小型空心砌块的强度等级指标　　　　　表 3-4

强度等级	抗压强度	
	平均值不小于(MPa)	单块最小值不小于(MPa)
MU20	20.0	16.0
MU15	15.0	12.0
MU10	10.0	8.0
MU7.5	7.5	6.0
MU5.0	5.0	4.0
MU3.5	3.5	2.8

4. 石材的强度等级确定

石材的强度等级，可采用边长为 70mm 的立方体试块的抗压强度表示。抗压强度取三个试件破坏强度的平均值。试件也可用表 3-5 所示边长的立方体，但应对试验结果乘以相应的换算系数后方可作为石材的强度等级。石材的强度等级划分为：MU100、MU80、MU60、MU50、MU40、MU30 和 MU20。

石材强度等级的换算系数　　　　　表 3-5

立方体边长(mm)	200	150	100	70	50
换算系数	1.43	1.28	1.14	1.00	0.86

3.2.3 砂浆分类、强度等级和质量要求

（1）砂浆按其配合成分不同可分为以下两种：普通砂浆和专用砌筑砂浆。

（2）砂浆的强度等级：砂浆强度等级是采用边长为 70.7mm 的立方体标准试块，在温度为（20±3）℃，水泥砂浆在湿度为 90% 以上，水泥石灰砂浆在湿度为 60%～80% 环境下养护 28 天，进行抗压试验所得以 MPa 表示的抗压强度平均值划分的。《砌体结构设

计规范》GB 50003 规定的砂浆强度等级为 M15、M10、M7.5、M5 和 M2.5；混凝土砌块砌筑专用砂浆的强度等级为 Mb20、Mb15、Mb10、Mb7.5、Mb5（单位 MPa）。

《砌体结构设计规范》GB 50003 规定烧结普通砖、烧结多孔砖、蒸压灰砂普通砖和蒸压粉煤灰普通砖砌体采用的普通砂浆等级为 M15、M10、M7.5、M5 和 M2.5；蒸压灰砂普通砖和蒸压粉煤灰普通砖砌体采用的专用砌筑砂浆强度等级为 Ms15、Ms10、Ms7.5、Ms5.0；混凝土普通砖、混凝土多孔砖、单排孔混凝土砌块和煤矸石混凝土砌块砌体采用的砂浆强度等级为 Mb20、Mb15、Mb10、Mb7.5、Mb5；双排孔或多排孔轻集料混凝土砌块砌体的砂浆强度等级为 Mb10、Mb7.5、Mb5；毛料石、毛石砌体采用的砂浆强度等级 M7.5、M5 和 M2.5。

（3）砂浆的质量要求

为了满足工程设计需要和施工质量，砂浆应当满足以下要求：

1）砂浆应有足够的强度，以满足砌体的强度要求。

2）砂浆应具有较好的和易性，以便于砌筑，保证砌筑质量和提高工效。

3）砂浆应具有适当的保水性，使其在存放、运输和砌筑过程中不出现明显的泌水、分层、离析现象，以保证砌筑质量、砂浆的强度和砂浆与砌块之间的粘结力。

3.2.4　块体及砂浆的选择

在砌体结构中，块体和砂浆的选择既要保证结构的安全可靠，又要获得合理的经济指标。一般来说，按以下原则和规定进行选择：

（1）应根据"因地制宜，就地取材"的原则，尽量选择当地性能良好的块体和砂浆材料，以获得较好的经济指标。

（2）为了保证砌体的承载力，要根据设计计算选择强度等级适宜的块体和砂浆。

（3）要保证砌体的耐久性。

（4）严格遵守《砌体结构设计规范》GB 50003 及《砌体结构通用规范》GB 55007—2021 中关于块体和砂浆最低强度等级的规定。

（5）在冻胀地区，地面以下或防潮层以下的砌体，不宜采用多孔砖；如果采用时，其孔洞应用水泥砂浆灌实。

3.2.5　砌体类型

砌体按其配筋与否可分为无筋砌体和配筋砌体两类。仅由块体和砂浆组成的砌体称为无筋砌体。配筋砌体是在砌体中设置钢筋或钢筋混凝土材料的砌体。

1. 无筋砌体

无筋砌体可分为：砖砌体、砌块砌体、石砌体。

2. 配筋砌体

配筋砖砌体可分为：横向配筋砖砌体、组合砖砌体。

3.2.6　砌体的性能

1. 砌体的受压破坏特征

砖砌体标准试件尺寸为 240mm×370mm×720mm。砌体轴心受压时从加荷开始直到破坏，其受力及破坏分为以下三个阶段。

第一阶段：从开始加荷到砌体中个别单砖出现裂缝（图 3-1a）。其荷载大致为砌体极限荷载的 50%～70%。如果此时不再继续增大荷载，单砖裂缝并不发展。

第二阶段：继续加荷，其体内的单砖裂缝开展和延伸，逐渐形成上下贯通多皮砖的连续裂缝，同时还有新裂缝不断出现（图 3-1b）。其荷载约为极限荷载的 80%～90%。此时即便不增加荷载，裂缝仍会缓慢发展。

第三阶段：若继续增加荷载，裂缝很快延长、加宽，砌体被贯通的竖向裂缝分割成若干独立小柱（图 3-1c）。最终因局部砌体被压碎或小柱失稳而导致砌体试件破坏。

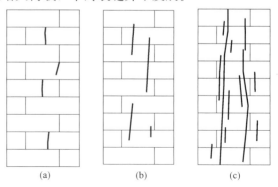

图 3-1　砌体轴心受压破坏的三个阶段
（a）开始出现裂缝；（b）形成贯通竖向裂缝；（c）极限状态

2. 砌体受压时的应力状态

（1）砌体中单砖处于压、弯、剪复合受力状态

砌体在砌筑过程中，水平砂浆铺设不饱满、不均匀，加之砖表面可能不十分平整，是砖在砌体中并非是均匀受压，而是处于压、弯、剪复合受力状态。

（2）砌体中砖与砂浆的交互作用使砖承受水平拉力

砌体在受压时要产生横向变形，砖与砂浆的弹性模量和横向变形系数不同，一般情况下，砖的横向变形小于砂浆的变形。但是，由于砖与砂浆之间的粘结力和摩擦力的作用，使两者的横向变形保持协调。砖与砂浆的相互制约使砖内产生横向拉应力，使砂浆内产生横向压应力。砖中的水平拉应力也会促使单砖裂缝的出现，使砌体强度降低。

（3）竖向灰缝处应力集中使砖处于不利受力状态

砌体中竖向灰缝一般不密实饱满，加之砂浆硬化过程中收缩，使砌体在竖向灰缝处整体性明显削弱。位于竖向灰缝处的砖内产生较大的横向拉应力和剪应力的集中，加速砌体中单砖开裂，降低砌体强度。

3. 影响砌体抗压强度的主要因素

通过对砖砌体受压时的受力分析及试验结果表明，影响砌体抗压强度的主要因素为以下几种。

（1）块体的强度及外形

试验证明，块体的抗压强度对砌体的抗压强度有明显的影响，在其他条件相同时，块体抗压强度越高，砌体的抗压强度越高。

块体厚度和外形规整程度对砌体的抗压强度影响也很大。对砌体受力状态的分析可以看出，块体厚度大，外形规整，其在砌体中所受的拉、弯、剪应力较小，有利于推迟块体裂缝的出现，从而延缓了砌体的破坏，使抗压强度提高。

（2）砂浆的强度

试验证明，当块体强度等级一定，在砂浆强度等级不是很高时，提高砂浆强度等级，砌体的抗压强度有明显增长；当砂浆强度等级过高时，提高砂浆强度等级对砌体抗压强度的提高并不明显。

(3) 砂浆的变形性能

在其他条件相同时，随着砂浆变形率的增大，块体在砌体中的弹性地基梁作用加大，使块体中的弯、剪应力加大。同时，随着砂浆变形率的增大，块体与砂浆在发生横向变形时的交互作用加大，使块体中的拉应力增大，从而导致砌体抗压强度的降低。

(4) 砂浆的流动性和保水性

砂浆的流动性和保水性好，容易使铺砌的灰缝饱满、均匀和密实，减小单砖在砌体中的弯、剪应力，使抗压强度提高。但过高的流动性会造成砂浆变形率过大，砌体强度反而降低。

(5) 施工砌筑质量

1) 水平灰缝的均匀性和饱满程度。水平灰缝的均匀、饱满，可改善块体在砌体中的应力状态，提高砌体的抗压强度。

2) 灰缝的厚度。灰缝越厚，灰缝变形越大，砌体强度越低。

3) 砖的含水率。当采用含水率太小的砖砌筑时，砂浆中大部分水会很快被砖吸收，这不利于砂浆的均匀铺设和硬化，会使砌体强度降低。

4) 块体的搭接方式。砌筑时块体的搭接方式影响砌体的整体性。整体性不好，会导致砌体强度的降低。

(6) 施工技术和管理水平

《砌体结构工程施工质量验收规范》GB 50203 根据施工现场的质量管理、砂浆和混凝土强度和砌筑工人技术水平综合评价，从宏观上将砌体工程施工质量控制等级分为 A、B、C 三级，砌体强度则与砌体施工质量控制等级相联系。

4. 砌体的抗拉、抗弯和抗剪性能

1) 砌体轴心受拉破坏特征

砌体在轴心拉力作用下的破坏，可分为以下三种情况：

① 当轴心拉力与砌体的水平灰缝平行时，砌体可能沿齿缝破坏（图 3-2a）。砌体在竖向灰缝中砂浆不易填充饱满和密实。另外，砂浆的硬化时产生收缩，大大削弱甚至破坏了法向粘结力。水平灰缝砌筑中容易饱满密实，再者，在砂浆硬化中砂浆虽然也发生收缩，但由于上部砌体对其的重力挤压作用，使切向粘结力非但未破坏，反而有所提高。由此可见，当砌体沿齿缝破坏时，起决定性作用的是水平灰缝的切向粘结力。

② 当轴心拉力与砌体的水平灰缝平行时，也可能沿块体和竖向灰缝截面破坏（图 3-2b）。当砌体沿块体和竖向灰缝破坏时，如上所述，竖向灰缝中的法向粘结力是不可靠的，砌体抗拉承载力取决于块体本身的抗拉强度。只有块体强度很低时，才会发生这种形式的破坏。

③ 当轴向拉力与砌体的水平灰缝垂直时，砌体发生沿水平通缝截面破坏（图 3-2c）。很显然，砌体轴心受拉沿通缝破坏时，对抗拉承载力起决定性作用的因素是法向粘结力，由于法向粘结力很小且无可靠保证，所以过程中不允许采用垂直于通缝受拉的轴心受拉构件。

2) 砌体受弯破坏特征

砌体受弯破坏总是从受拉一侧开始，即发生弯曲受拉破坏。弯曲受拉破坏也有三种形态：

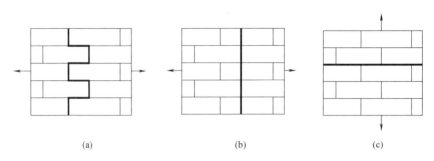

图 3-2　砌体弯曲受拉破坏三种形态

（a）沿齿缝破坏；（b）沿块体和竖向灰缝破坏；（c）沿水平通缝截面破坏

① 沿齿缝破坏。

② 沿块体和竖向灰缝破坏。与轴心受拉构件类似，仅当块体强度过低时发生这种形式的破坏。

③ 沿水平灰缝发生弯曲受拉破坏。当弯矩作用使砌体水平通缝受拉，砌体将在弯矩最大的水平灰缝处发生弯曲破坏。

3）砌体受剪破坏特征

砌体结构在剪力作用下，可能发生沿水平灰缝破坏、沿齿缝破坏或沿阶梯形缝的破坏。（图 3-3a、b、c）

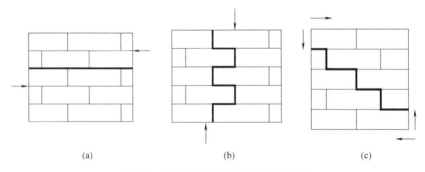

图 3-3　砌体弯曲受弯破坏三种形态

（a）沿水平灰缝破坏；（b）沿齿缝破坏；（c）沿阶梯形缝破坏

3.3　砌体建筑构造措施

建筑平立面应规则，质量、刚度和墙体等布置应基本对称，房屋高度和层数应符合规范最大限值的要求。结构体系整体性强、构件变形能力和连接应可靠。

3.3.1　墙、柱高厚比验算

墙、柱高厚比按下式验算：

$$\beta = \frac{H_0}{h} \leqslant \mu_1 \mu_2 [\beta] \tag{3-1}$$

式中　H_0——墙、柱的计算高度；

$\quad\quad\quad h$——墙厚或矩形柱与 H_0 相对应的边长；

$\quad\quad\quad \mu_1$——自承重墙允许高厚比的修正系数；

$\quad\quad\quad \mu_2$——有门窗洞口墙允许高厚比的修正系数；

$\quad\quad\quad [\beta]$——墙、柱的允许高厚比，应按表 2.1.1-1 采用。

注：（1）墙、柱的计算高度用按《砌体结构设计规范》GB 50003—2011 第 5.1.3 条采用；

（2）当与墙连接的相邻两墙间 $s \leqslant \mu_1\mu_2[\beta]h$ 的距离时，墙的高度可不受本条限制；

（3）变截面柱的高厚比可按上、下截面分别验算，其计算高度可按《砌体结构设计规范》GB 50003—2011 第 5.1.4 条的规定采用。验算上柱的高厚比时，墙、柱的允许高厚比可按表 3-6 的数值乘以 1.3 后采用。

墙、柱的允许高厚比［β］值　　　　　　　　　　　　表 3-6

砌体类型	砂浆强度	墙	柱
无筋砌体	M2.5	22	15
	M5.0 或 Mb5.0、Ms5.0	24	16
	≥M7.5 或 Mb7.5、Ms7.5	26	17
配筋砌块砌体	—	30	21

注：1. 毛石墙、柱的允许高厚比应按表中数值降低 20%；
　　2. 带有混凝土或砂浆面层的组合砖砌体构件的允许高厚比，可按表中数值提高 20%，但不得大于 28；
　　3. 验算施工阶段砂浆尚未硬化的新砌砌体构件高厚比时，允许高厚比对墙取 14，对柱取 11。

3.3.2　一般构造要求

（1）预制钢筋混凝土板在混凝土圈梁上的支承长度不应小于 80mm，板端伸出的钢筋应与圈梁可靠连接，且同时浇筑；预制钢筋混凝土板在墙上的支承长度不应小于 100mm。

（2）墙体转角处和纵横墙交接处应沿竖向每隔 400～500mm 设拉结钢筋，其数量为每隔 120mm 墙厚不少于 1 根直径 6mm 的钢筋；或采用焊接钢筋网片，埋入长度从墙的转角或交接处起，对实心砖墙每边不小于 500mm，对多孔砖墙和砌块墙不小于 700mm。

（3）填充墙、隔墙应分别采取措施与周边主体结构可靠连接，连接构造和嵌缝材料应能满足传力、变形、耐久和防护要求。

（4）其余构造措施参见现行国家标准《砌体结构设计规范》GB 50003 的相关要求。

（5）砌体结构抗震措施见现行国家标准《砌体结构设计规范》GB 50003 和《建筑抗震设计规范》GB 50011 的相关要求。

3.3.3　框架填充墙

（1）框架填充墙墙体除满足稳定要求外，尚应考虑风荷载及地震作用的影响。地震作用可按现行国家标准《建筑抗震设计规范》GB 50011 中非结构构件的规定计算。

（2）填充墙的其他构造措施见现行国家标准《砌体结构设计规范》GB 50003 和《建筑抗震设计规范》GB 50011 的相关要求。

3.3.4　防止或减轻墙体开裂的主要措施

（1）在正常使用条件下，应在墙体中设置伸缩缝。伸缩缝应设置在因温度和变形引起应力集中、砌体产生裂缝可能性的最大处。

（2）房屋顶层墙体，宜根据情况采取措施。

（3）房屋底层墙体，宜根据情况采取措施。

（4）其他构造措施详见《砌体结构设计规范》GB 50003 相关规定。

3.3.5 砌体建筑的过梁、圈梁

1. 过梁

过梁是砌体结构房屋中门窗洞口上常用的构件。常用的过梁有砖过梁和钢筋混凝土过梁两类。砖砌过梁按其构造不同，又分为砖砌平拱过梁和钢筋砖过梁等形式。砖砌过梁造价低，而且节约钢筋和水泥，但整体性差，对振动荷载和地基不均匀沉降反应敏感，跨度也不宜过大。因此，对有较大振动或可能产生不均匀沉降的房屋，或当门窗洞宽度较大时，应采用钢筋混凝土过梁。

《砌体结构设计规范》GB 50003 规定，对有较大振动荷载或可能产生不均匀沉降的房屋，应采用混凝土过梁。当过梁的跨度不大于 1.5m 时，可采用钢筋砖过梁；不大于 1.2m 时，可采用砖砌平拱过梁。

2. 圈梁

砌体结构房屋中，在墙体内沿水平方向设置封闭的钢筋混凝土梁称为圈梁。位于房屋檐口处的圈梁称为檐口圈梁，位于±0.000 以下基础顶面处设置的圈梁，又称为地圈梁。

在砌体结构房屋中设置圈梁可以增强房屋的整体性和空间刚度，防止由于地基不均匀沉降或较大振动荷载等对房屋引起不利影响，以设置在基础顶面部位和檐口部位的圈梁对抵抗不均匀沉降作用最为有效。当房屋中部沉降较两端为大时，位于基础顶面部位的圈梁作用较大；当房屋两端沉降较中部大时，则位于檐口中部位的圈梁作用较大。

第4章　结构性能检验基本概念

4.1　结构性能检验的目的

4.1.1　结构性能检验的意义

在建筑物所有的性能要求中，安全可靠无疑是最重要的，因为它直接关系到使用者——人的生命财产安危。建筑物的安全主要取决于建筑结构。在各种荷载作用下，建筑结构应不至于发生安全的破坏（如可靠度丧失、失稳、倾覆、塌垮等），或产生影响使用功能的效应（影响观感的变形、裂缝，影响使用功能的渗漏等）。这就提出了对结构性能的要求。

建筑结构的安全度取决于荷载（作用）引起的效应（S）与结构本身所具有的抗力（R）的相对大小（$R \geqslant S$），因此对结构安全的最直接和最有说服力的检验就是检验作用效应（S）与结构抗力（R）的相对大小。结构性能检验中的挠度、裂缝控制性能主要是对结构正常使用状态的检验。构件结构性能检验是针对构件的承载能力、挠度变形、裂缝等各项指标所进行的检验，通常荷载试验是最常用的方法。尽管目前正在探索许多无损检测方法，但至少目前还不能取代荷载试验的全部意义。

4.1.2　结构性能检验的难度

建筑工程许多设备的功能或性能都可以直接通过试运行进行检验，但是对结构性能却无法采用同样的方式。结构可能会在加载不多的情况下即可能产生裂缝、变形（挠度），并在卸载后可能留下不可恢复的缺陷（残余挠度和残余裂缝），而承载力检验也只有通过加载到结构破坏（出现承载力检验标志）才能得到确切的结论，因此检验后对已破坏结构处理的任务就十分艰巨，有些难度十分大，甚至就根本不可能恢复。

此外，进行结构结构性能检验的试验加载量将十分巨大。在正常情况下，起码为几十吨到几百吨，其试验工程量不会小于区域混凝土结构的施工工作量，而且有些荷载（如模拟风力的水平荷载）很难在正常情况下实施加载。

因此，在实际工程中，对混凝土结构而言，除为了进行科研探索及对事故进行鉴定分析和加固处理而不得不进行这类加载试验外，一般很少对实际工程进行结构性能检验。

4.2　结构性能检验的原则

4.2.1　结构性能检验的原则

鉴于建筑结构的结构性能检验执行难度太大，因此一般只能有控制地在一定范围内执行。为此，提出检验原则如下：

（1）对于现场支模并整体浇筑的混凝土结构，一般情况下不做结构性能检验。

（2）对于预制构件作为主要受力构件的装配式结构，应对其预制构件抽样，进行结构性能检验。

（3）结构性能检验的内容应包括承载力、刚度（挠度）和裂缝控制性能（抗裂或裂缝宽度）。

（4）根据具体情况，预制构件性能检验的项目可以适当减少，在一定条件下可以按替代方案执行。

（5）对于正常验收的情况，当需要进行结构性能检验时，检验项目和检验指标根据有关标准及设计文件另行确定。

（6）在满足检验目的的情况下，一般不进行结构整体性能试验。

（7）结构性能的静力荷载检验可分为适用性检验、荷载系数或构件系数检验和综合系数或可靠指标检验。结构性能的适用性检验和荷载系数或构件系数检验的对象可以是实际的结构或构件，也可以是足尺寸的模型。综合系数或可靠性指标的检验对象可以是不再使用的结构或构件，也可以是足尺寸的模型，当确有把握时也可以是实际的结构或构件。荷载系数或构件系数的检验只是承载力的部分检验。可靠指标对应的系数包括荷载的分项系数和构件的分项系数，这种检验有时可能出现构件承载力极限状态的标志，有时也可能出现突然的破坏。

4.2.2 预制构件的结构性能检验

装配式结构中的预制构件体量不大，受力形式比较简单，承载力相对不很大，进行加载试验并非不能实现。特别是我国的预制构件大多在预制构件专业厂家，根据标准图以"产品"形式批量生产，因此就更有条件和必要进行结构性能试验了。

我国预制构件行业已经有 50 多年的历史，对我国基本建设有过重大的贡献。在经过因技术进步和产品更新换代以后，预制构件在发展现代建设和改进结构性能方面还将继续发挥重要作用。

梁板类简支受弯预制构件结构性能检验应符合下列规定：

（1）结构性能检验应符合国家现行相关标准的有关规定及设计的要求，检验要求和试验方法应符合现行《混凝土结构施工质量验收规范》GB 50204 的规定。

（2）钢筋混凝土构件和允许出现裂缝的预应力混凝土构件，应进行承载力、挠度和裂缝宽度检验；不允许出现裂缝的预应力混凝土构件，应进行承载力、挠度和抗裂检验。

（3）对大型构件及有可靠应用经验的构件，可只进行裂缝宽度、抗裂和挠度检验。

（4）对使用数量较少的构件，当能提供可靠依据时，可不进行结构性能检验。

第5章　后置埋件的基本概念

5.1　概　　述

后置埋件是指安装在已有结构上的埋置锚固件，后锚固是在既有工程结构上的锚固，是通过相关技术手段将被连接件（非结构或结构构件）连接锚固到已有结构上的技术。相应于传统的预埋件—先锚，后锚具有设计灵活（时间、空间位置不受限制）、施工简便（模板制作、混凝土浇筑、结构施工及构件安装等均比较简单）等优点，是房屋装修、设备安装、旧房改造及工程加固必不可少的专用技术。影响后置埋件可靠性的影响因素主要有两个：一是锚固件本身的质量；二是后埋置技术。

5.2　锚栓与基材

5.2.1　锚栓的种类

锚栓是一切后锚固组件的总称，范围很广。按原材料不同，分为金属锚栓和非金属锚栓。按锚固机理不同，分为膨胀型锚栓、扩孔型锚栓、粘结型锚栓、混凝土螺钉、射钉、混凝土钉。

非金属锚栓，主要是塑料螺栓，又称尼龙锚栓，是利用螺钉旋入尼龙套筒，促使套筒膨胀与基材孔壁产生挤压力，并通过剪切摩擦作用产生抗拔力，实现对被连接件锚固的一种组件。因一般尼龙锚栓强度太低，耐久性又较差，主要用作临时性轻型挂件等锚固，此处略。

1. 膨胀型锚栓

膨胀型锚栓（图 5-1），简称膨胀栓，是利用椎体与膨胀片（或者膨胀套筒）的相对移动，促使膨胀片膨胀，与孔壁混凝土产生膨胀挤压力，并通过剪切摩擦作用产生抗拔力，实现对被连接构件锚固的一种组件。膨胀型锚栓按安装时的膨胀力控制方式不同，分为扭矩控制式和位移控制式。前者以扭力控制，后者以位移控制。

2. 扩孔型锚栓

扩孔型锚栓（图 5-2），简称扩孔栓或切槽栓，是通过对钻孔底部混凝土的再次切槽扩孔，利用扩孔后形成的混凝土承压面与锚栓膨胀扩大头的机械互锁，实现对被连接件锚固的一种组件。扩孔型锚栓按照扩孔方式的不同，分为预扩孔和自扩孔。前者以专用钻具预先切槽扩孔；后者锚栓自带刀具，安装时自行切槽扩孔，切槽安装一次完成。

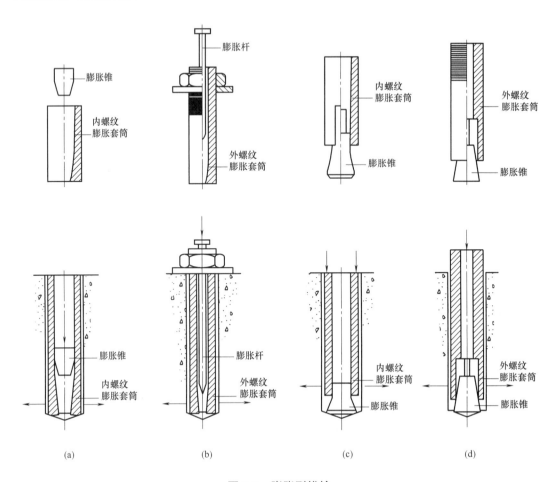

图 5-1 膨胀型锚栓

（a）锥下型（内塞）；（b）杆下型（穿透式）；（c）套下型（外塞）；（d）套下型（穿透式）

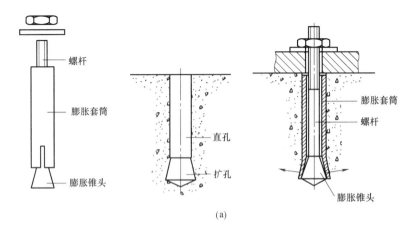

（a）

图 5-2 扩孔型锚栓（一）

（a）预扩孔普通栓

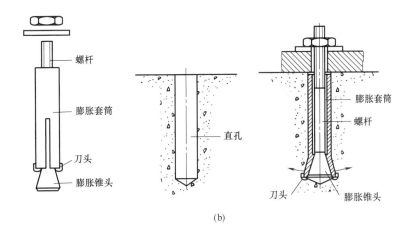

图 5-2　扩孔型锚栓（二）

（b）自扩孔专用栓

3. 粘结型锚栓

粘结型锚栓（图 5-3），又称化学粘结栓，简称化学栓或粘结栓，是以特制的化学胶粘剂（锚固胶），将螺杆及内螺纹管等胶结固定于混凝土基材钻孔中，通过胶粘剂与螺杆及胶粘剂与混凝土孔壁间的粘接与锁键作用，以实现对被连接件锚固的一种组件。目前，一般定型粘结型

图 5-3　粘结型锚栓

锚栓较为粗短，锚深较浅，对基材裂缝适应能力较差，不适用于受拉、边缘受剪、拉剪复核受力的结构构件及生命线工程非结构构件的后锚固连接；除专用在开裂混凝土的粘接型锚栓之外，一般粘结型锚栓也不宜用于开裂混凝土基材受拉、边缘受剪、拉剪复核受力的非结构构件的后锚固连接。

4. 化学植筋

化学植筋包括带肋钢筋及长螺杆（图 5-4），是我国工程界广泛应用的一种后锚固连接技术。化学植筋的锚固机理与粘结型锚栓相同，但化学植筋及长螺杆由于长度不受限制，与现浇混凝土钢筋锚固相似，破坏形态易于控制，一般均可以控制为锚筋钢材破坏，故一般适用于静力及抗震设防烈度≤8度的结构构件或非结构构件的锚固连接。

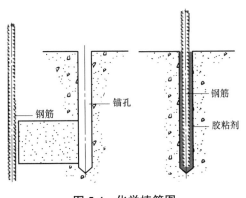

图 5-4　化学植筋图

5. 混凝土螺钉

混凝土螺钉（图 5-5）的构造和锚固机理与木螺钉相似，是以特制的工艺滚压淬制出坚硬锋利的刀口螺纹螺杆，安装时先预钻较小孔径的直孔，后将螺钉拧入，利用螺纹与孔壁件的咬合作用产生抗拔力，实现对被连接件锚固的一种组件。

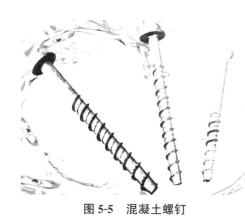

图 5-5 混凝土螺钉

6. 射钉

射钉（图 5-6）是一种以火药为动力，将高硬度钢钉，包括螺钉，射入混凝土，利用其高温（900℃），使钢钉与混凝土因化学熔接及夹紧作用而结为一体，以实现对被连接件的锚固。

5.2.2 基材

承载锚栓的母体结构材料称为锚固基材，简称基材。作为工程结构，基材的要求很多，有混凝土、砌体、石材、金属、木材，有空心的、空心体、多孔的，有强度很高的（如花岗岩、金属）、强度低的（如泡沫混凝土、多孔砖）。一般情况下，材质越坚实、整体性越强、体量越大的基材，其锚固性能越好；反之，材质疏松、整体性差、体量小的基材，锚固性能就较差。基材锚固性能由强到弱的大致排序为：金属→花岗石→混凝土→轻混凝土→砌体、木材→空心及多孔块材砌体→泡沫混凝土。

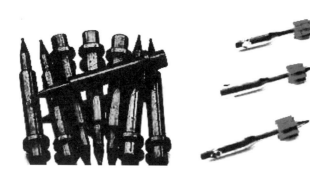

图 5-6 射钉

5.2.3 适用范围

各类锚栓的适用范围，除本身性能差异外，还应考虑基材是否开裂、锚固连接的受力性质、被连接的结构类型、有无抗震设防等因素的综合影响。就国内外工程实践而言，目前一般锚栓由于受破坏形态控制，主要用于非结构构件的后锚固连接及受压、中心受剪、压剪组合受力的结构构件的后锚固连接。锚栓的适用范围见表 5-1。

表 5-1

锚栓适用范围

锚栓类型	锚栓的受力性质及被连接结构类型有无设防要求	受拉、边缘受剪、拉剪复合受力		非结构构件及受压、中心受剪、压剪复合受力的结构构件
		结构构件及生命线工程非结构构件	非结构构件	
膨胀型锚栓	有	×	○	○
	无	×	○	○

锚栓类型	锚栓的受力性质及被连接结构类型有无设防要求	受拉、边缘受剪、拉剪复合受力		非结构构件及受压、中心受剪、压剪复合受力的结构构件
		结构构件及生命线工程非结构构件	非结构构件	
扩孔型锚栓	有	×	○	○
	无	×△	○	○
粘结型锚栓	有	×	×	△
	无	×	×△	○
化学植筋	有	○	○	○
	无	○	○	○
混凝土螺钉	有	×	○	○
	无	×	○	○
射钉及混凝土钉	有	×	△	△
	无	×	△	○

注："○"表示适用，"×"表示不适用，"△"表示有条件应用。

5.3　锚固设计的基本理论

5.3.1　后锚固设计原则

采用以试验研究数据和工程实践经验为依据，以分项系数为表达形式的极限状态设计方法。后锚固连接设计所采用的设计使用年限应与整个被连接结构的设计使用年限一致。根据锚固连接破坏后果的严重程度，后锚固连接划分为两个安全等级。混凝土后锚固连接设计，应按表 5-2 相关规定，采用相应的安全等级，但不应低于被连接结构的安全等级。

锚固构件的安全等级　　　　　　　　　　　　　　　　　表 5-2

安全等级	破坏后果	锚固类型
一级	很严重	重要的锚固
二级	严重	一般的锚固

后锚固连接承载力应采用下列设计表达式进行验算：

无地震作用组合 $\qquad\qquad\qquad \gamma_0 S \leqslant R_d$ （5-1）

有地震作用的组合 $\qquad\qquad \gamma_0 S \leqslant k R_d / \gamma_{RE}$ （5-2）

$$R_d = R_k / \gamma_R \qquad\qquad （5-3）$$

式中　γ_0——锚固连接重要性系数，对一级、二级的锚固安全等级，应分别取不小于 1.2、1.1，且不应小于被连接结构构件的重要性系数；对地震状况应取 1.0；

　　　S——承载能力极限状态下，锚固连接作用组合的效应设计值；对持久设计状况和短暂设计状况应按作用的基本组合计算；对地震设计状况应按作用的地震组合计算；

R_d——锚固承载力设计值；

R_k——锚固承载力标准值；

k——地震作用下锚固承载力降低系数；

γ_{RE}——锚固承载力抗震调整系数，取 1.0；

γ_R——锚固承载力分项系数。

后锚固连接设计，应根据被连接结构类型、锚固连接受力性质及锚固类型的不同，对破坏形态加以控制。对受拉、边缘受剪、拉剪组合之结构构件及生命线工程非结构构件的锚固连接，应控制为锚固件或植筋钢材破坏；膨胀型锚栓及扩孔型锚栓锚固连接，不应发生整体拔出破或锚杆穿出破坏；植筋连接，不应发生混凝土基材破坏及沿胶筋界面和胶混界面的破坏。

混凝土后锚固连接承载力分项系数 γ_R，应根据锚固连接破坏类型及被连接结构类型的不同，按表 5-3 采用。

未经有资质的技术鉴定或设计许可，不得改变后锚固连接的用途和使用环境。

锚固承载力分项系数 γ_R 表 5-3

项次	符号	被连接结构类型 锚固破坏类型	结构构件	非结构构件
1	$\gamma_{Rc,N}$	混凝土椎体受拉破坏	3.0	1.8
2	$\gamma_{Rc,v}$	混凝土边缘受剪破坏	2.5	1.5
3	γ_{Rsp}	混凝土劈裂破坏	3.0	1.8
4	γ_{Rcp}	混凝土剪撬破坏	2.5	1.5
5	γ_{Rp}	混合破坏	3.0	1.8
6	$\gamma_{Rs,N}$	锚栓钢材受拉破坏	1.3	1.2
7	$\gamma_{Rs,v}$	锚栓钢材受剪破坏	1.3	1.2

5.3.2 地震对后置锚固件锚固的影响

地震作用会造成锚固承载力下降，《混凝土结构后锚固技术规程》JGJ 145—2013 通过规定选用锚固件类型、锚固件布置位置、最小有效锚固深度、地震状态下锚固受力的性质及破坏形态、引入锚固承载力降低系数等措施，消除地震后对锚固的不利影响。

（1）有抗震设防要求的锚固连接所用的锚固件，应选用化学植筋和能防止膨胀片松弛的扩孔型锚栓或特殊倒锥形胶粘型锚栓。

（2）抗震设计锚固件布置，除应遵循《混凝土结构后锚固技术规程》JGJ 145—2013 第 8 章有关规定外，宜布置在构件的受压区、非开裂区、不应布置在素混凝土区；对于高烈度区一级抗震的重要结构构件的锚固连接，宜布置在有纵横钢筋环绕的区域。

（3）抗震锚固连接锚栓的最小有效锚固相对深度宜满足表 5-4 的规定，当有充分试验依据及可靠的工程经验并经国家指定的机构认证时，可不受限制。

锚栓最小有效锚固深度 $h_{ef,min}/d$（mm）　　表 5-4

锚栓类型	设防烈度	$h_{ef,min}/d$（mm）
扩底型锚栓	6	4
	7	5
	8	6
膨胀型锚栓	6	5
	7	6
	8	7
普通化学锚栓	6～8	7
特殊倒锥形化学锚栓	6～8	8

1）锚固连接地震作用内力计算，应按国家标准《建筑抗震设计规范》GB 50011 进行。

2）抗震设计时，地震作用下锚固承载力降低系数 k 应由锚固件生产厂家通过国家相关职能部门系统的试验认证后提供。在无系统试验数据和结论的情况下，可按表 5-5 采用；承载力抗震调整系数 γ_{RE} 取 1.0。

地震作用下锚固承载力降低系数　　表 5-5

破坏形态及锚栓类型	受力性质	受拉	受剪
锚栓或植筋钢材破坏		1.0	1.0
混凝土基材破坏	扩孔型锚栓	0.8	0.7
	膨胀型锚栓	0.7	0.6

3）锚固连接抗震设计，应合理选择锚固深度、边距、间距等锚固参数，或采用有效的隔震和效能减震措施，控制锚固连接系统延性破坏。对于受拉、边缘受剪、拉剪组合的结构构件，不得出现混凝土基材破坏及锚栓拔出破坏。

4）除化学植筋外，地震作用下锚栓应始终处在受拉状态下，锚栓最小拉力 $N_{Sk,min}$ 宜满足下式要求：

$$N_{Sk,min} \geqslant 0.2 N_{inst} \tag{5-4}$$

N_{inst}——考虑松弛后，锚栓的实有预紧力。

5）新建工程采用后置锚固件锚固连接时，锚固区应有下列规格的钢筋网：

对于重要的锚固，直径不小于 8mm，间距不大于 100mm；

对于一般的锚固，直径不小于 8mm，间距不大于 150mm。

5.3.3　构造措施

（1）混凝土基材的厚度 h 应满足下列规定：

1）对于膨胀型锚栓和扩底型锚栓，h 不应小于 $2h_{ef}$，且 h 应大于 100mm。h_{ef} 为锚栓有效埋置深度；

2）对于化学锚栓，h 不应小于 $1.5h_{ef}+2d_0$ 且 h 应大于 $100mm$，d_0 为钻孔直径。

群锚锚栓最小间距值 s 和最小边距值 c，应根据锚栓产品的认证报告确定；当无认证报告时，应符合表 5-6 的规定，锚栓最小边距 c 尚不应小于最大骨料粒径的 2 倍。

锚栓的最小间距 s 和最小边距 c 表 5-6

锚栓类型	最小间距 s	最小边距 c
位移控制式膨胀型锚栓	$6d_{nom}$	$10d_{nom}$
扭矩控制式膨胀型锚栓	$6d_{nom}$	$8d_{nom}$
扩底型锚栓	$6d_{nom}$	$6d_{nom}$
化学锚栓	$6d_{nom}$	$6d_{nom}$

注：d_{nom} 为锚栓外径。

3）锚栓不得布置在混凝土的保护层中，有效锚固深度 h_{ef} 不得包括装饰层和抹灰层。

4）承重结构的锚栓，其公称直径不应小于 $12mm$，锚固深度 h_{ef} 不应小于 $60mm$。

5）承受扭矩的群锚，应采用胶粘剂将锚板上的锚栓孔间隙填充密实。

6）锚板孔径 d_f 应满足表 5-7 的要求。

锚板孔径及最大间隙允许值   表 5-7

锚栓 d 或 d_{nom}（mm）	6	8	10	12	14	16	18	20	22	24	27	30
锚板孔径 d_f（mm）	7	9	12	14	16	18	20	22	24	26	30	33
最大间隙$[\Delta]$（mm）	1	1	2	2	2	2	2	2	2	2	3	3

（2）化学锚栓的最小锚固深度应满足表 5-8 的要求。

化学锚栓最小锚固深度   表 5-8

化学锚栓直径 d（mm）	最小锚固深度（mm）
$\leqslant10$	60
12	70
16	80
20	90
$\geqslant24$	4d

（3）植筋最小锚固长度 l_{min}，对受拉钢筋，应取 $0.3l_s$、$10d$ 和 $100mm$ 三者之间的最大值；对受压钢筋，应取 $0.6l_s$、$10d$ 和 $100mm$ 三者之间的最大值；对悬挑构件尚应乘以 1.5 的修正系数。l_s 为植筋的基本锚固深度，d 为钢筋直径。

（4）基材在植筋方向的最小尺寸 h_{min} 应满足下式要求：

$$h_{min}\geqslant l_d+2D \tag{5-5}$$

式中　D——钻孔直径，宜按表 5-9 规定取用。

钢筋直径与对应的钻孔直径   表 5-9

钢筋直径 d（mm）	钻孔直径 D（mm）	
	有机胶	无机胶
8	12	$\geqslant12$
10	14	$\geqslant14$

钢筋直径 d（mm）	钻孔直径 D（mm）	
	有机胶	无机胶
12	16	≥16
14	18	≥18
16	20	≥20
18	22	≥24
20	25	≥26
22	28	≥28
25	32	≥32
28	35	≥36
32	40	≥40

（5）植筋与混凝土边缘距离不宜小于 $5d$，且不宜小于 100mm。当钢筋与混凝土边缘之间有垂直于植筋方向的横向钢筋，且横向钢筋配筋量不小于 A8@100 或其等量截面面积，植筋锚固深度范围内横向钢筋不少于 2 根时，植筋与边缘的最小距离可以适当减少，但不应小于 50mm。植筋间距不应小于 $5d$，d 为钢筋直径。

5.4　后锚固连接破坏形态

荷载作用下，后锚固连接有锚栓钢材破坏、混凝土基材破坏及锚栓拔出破坏等三种破坏模式。后锚固连接破坏类型及影响汇总见表 5-10。

破坏类型及影响因素汇总表　　　　　　　　　　　　　表 5-10

破坏类型	锚栓类型	破坏荷载	影响破坏荷载因素	常发生场合
锚栓或锚筋钢材破坏（拉断破坏、剪破坏、拉剪破坏等）	膨胀型锚栓扩孔型锚栓化学植筋	有塑性变形破坏荷载一般较高、离散性小	锚栓或植筋本身性能为主要控制因素	锚固深度较深、混凝土强度高、锚固区钢筋密集、锚栓或锚筋材质差以及有效截面面积小
混凝土锥体破坏	膨胀型锚栓扩孔型锚栓	破坏为脆性、离散性大	混凝土强度、锚深度	机械锚受拉场合特别是粗短锚
混合破坏形式	化学植筋粘结锚固	脆性比混凝土锥体破坏小,锚固件有明显位移	锚固深度、胶粘剂性能以及混凝土强度	锚固深度小于临界深度
混凝土边缘破坏	机械锚化学植筋	契体形破坏,锚固件位置有一定偏移	边距、锚深、锚栓外径、混凝土抗剪强度	机械锚受剪且距边缘较近的场合
剪撬破坏	机械锚化学植筋	锚固件位置有一定偏移	锚栓类型、混凝土抗剪强度	基材中部受剪,一般为粗短锚栓
劈裂破坏	群锚	脆性破坏,本质为混凝土抗拉破坏	锚栓类型、边距、间距基材厚度	锚栓轴线或群锚轴线连线

续表

破坏类型	锚栓类型	破坏荷载	影响破坏荷载因素	常发生场合
拔出破坏	机械锚	承载力低、离散性大	施工质量	施工安装
穿出破坏	膨胀型锚栓	离散性较大、脆性破坏	锚栓质量	膨胀套筒材质软或薄、接触面过于光滑
胶筋界面破坏	化学植筋	脆性破坏	锚固胶质量、钢筋表面	胶粘剂强度低、施工质量、混凝土强度高、钢筋密集、钢筋表面光滑
胶混界面破坏	化学植筋	脆性破坏	锚孔质量、混凝土强度	锚孔表面未除尘干燥、混凝土强度低

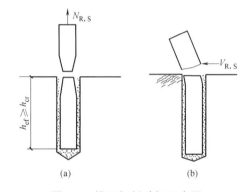

图 5-7　锚固钢材破坏示意图

（a）拉断；（b）剪坏

5.4.1　钢材破坏

锚栓或者锚筋钢材破坏，分为拉断破坏、剪切及拉剪复合受力破坏，主要发生在锚固深度 h_{ef} 超过临界深度 h_{cr} 时。此种破坏，一般具有明显的塑性变形，破坏荷载离散性较小。对于受拉、边缘受剪、拉剪复合受力的结构构件的后锚固连接设计，根据《建筑结构可靠度设计统一标准》GB 50068，宜控制为这种破坏形式，见图 5-7。

5.4.2　混凝土基材破坏

混凝土基材破坏主要有混凝土椎体破坏、混合型破坏、混凝土边缘破坏、剪撬破坏。基材破坏表现出一定的脆性，破坏荷载离散性较大。对于结构构件及生命线工程非结构构件后锚固连接设计，宜避免这种破坏形式，见图 5-8。

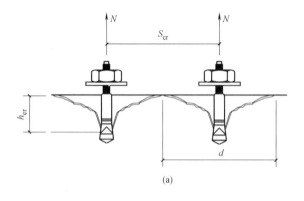
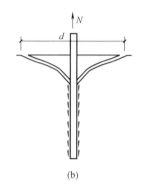

图 5-8　混凝土基材破坏（一）

（a）混凝土椎体破坏；（b）混合型受拉破坏

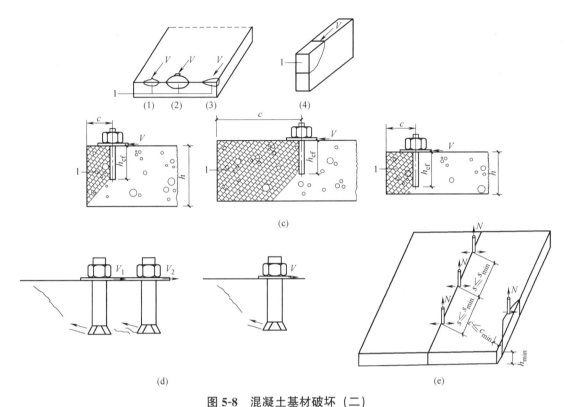

图 5-8 混凝土基材破坏（二）

（c）混凝土边缘楔形体受剪破坏；（d）基材剪撬破坏；（e）基材劈裂破坏

5.4.3 拔出破坏

拔出破坏对机械锚栓有两种破坏形式。整体拔出破坏，由于承载力很低且离散性大，很难统计有用的承载力设计指标，而且变形曲线存在较大滑移。对于结构构件受拉、边缘受剪、拉剪复合受力的锚固连接，宜避免发生。

粘接型锚栓和化学植筋拔出破坏有胶筋界面拔出和胶混界面拔出两种形式。对化学植筋，不论是结构构件或非结构构件，应避免发生拔出破坏；对于粘结型锚栓，因长度有限，宜避免发生拔出破坏。

5.5 锚固质量检查与验收

5.5.1 锚固质量检查

锚固质量检查应包括以下内容：

（1）文件资料检查包括：设计施工图纸及相关文件、锚固胶的出厂质量保证书、锚杆的质量合格书、施工工艺记录及操作规程和施工自检人员的检查结果文件等。

（2）锚栓、锚固胶的类别、规格是否符合设计和标准要求。

（3）混凝土基材强度是否符合设计要求。

（4）锚栓的位置是否符合设计要求。

（5）锚孔或植筋孔质量和数量检查包括：锚孔的位置、直径、孔深和垂直度，锚孔的清孔情况，锚孔周围混凝土是否存在缺陷、是否已基本干燥、环境温度是否符合要求，锚孔是否伤及钢筋。

（6）锚固质量应符合下列要求：对于粘接型锚栓及化学植筋应对照施工图检查锚栓位置、尺寸、垂直（水平）度及胶浆外观固化情况等；膨胀型锚栓和扩孔锚栓应按设计或产品安装说明书的要求检查锚固深度、预紧力控制、膨胀位移控制等。

5.5.2　锚固质量验收

锚固质量验收应提供下列文件和记录：

（1）设计文件。

（2）胶粘剂和锚栓的产品质量证明书或出场合格证、产品说明书及检测报告或认证报告，产品的进场见证复验报告。

（3）锚固安装工程施工记录。

（4）后锚固工程质量检查记录表。

（5）锚固承载力现场检验报告。

（6）后锚固分项工程质量验收记录。

（7）工程重大问题处理记录。

（8）其他有关文件记录。

第6章 钢筋混凝土结构工程检测

6.1 混凝土构件混凝土强度检测

混凝土强度检测可分为混凝土抗压强度检测和混凝土劈裂抗拉强度检测，且应区分结构工程质量的检测和既有结构性能的检测。

混凝土抗压强度的现场检测应提供结构混凝土在检测龄期相当于150mm立方体抗压强度特征值的推定值，混凝土抗压强度现场检测的方法通常采用非破损检测方法或微破损检测方法，非破损检测方法有回弹法和超声回弹综合法，微破损检测方法有钻芯法、后装拔出法、后锚固法、拉脱法、剪压法等。其中钻芯法为直接检测法，其余方法为间接法，当现场具备钻芯检测条件时，宜采用钻芯法对间接法检测结果进行修正和验证。

混凝土劈裂抗拉强度的检测通常采用钻芯取样法进行检测，也可采用后装拔出法、后锚固法、拉脱法等与钻芯法修正相结合的方法，现场检测中不宜单独使用间接的测试方法。

6.1.1 回弹法检测混凝土抗压强度

回弹法检测混凝土抗压强度在我国已经有了几十年的实践经验，由于回弹仪具有构造简单，性能稳定，设备维护、校正、保养的成本低且检测技术易于掌握，操作方法简便，检测属于无损检测，在混凝土抗压强度现场检测中运用十分广泛。

1. 检测原理

回弹法是利用混凝土表面硬度与抗压强度之间和相关关系来推定混凝土强度的一种方法。回弹仪的基本工作原理是向弹击拉簧施加压力，使其获得一定的能量，用弹击拉簧驱动一定重量的弹击锤冲击弹击杆，弹击混凝土构件的表面，在弹击杆冲压混凝土构件表面后弹击锤向后弹回，通过测量弹击锤反弹回来的距离（即回弹值）作为与混凝土强度相关的指标，同时考虑混凝土表面碳化后硬度变化的影响，来推定混凝土强度。

图6-1为回弹法的原理示意图。当弹击锤被拉到冲击前的起始位置，此时弹簧被拉伸到最长状态，若将弹击质量等于1，则弹击锤此时具有的势能 E 为：

$$E = \frac{1}{2}Kl^2 \qquad (6-1)$$

式中 K——弹击拉簧的刚度系数；

　　　l——弹击拉簧的弹击起始状态的拉伸长度。

弹击锤脱钩后在弹击拉簧的驱动下撞击弹击杆，此时弹击锤弹击的能量通过弹

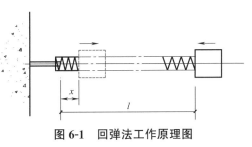

图6-1 回弹法工作原理图

击杆传递给混凝土构件，混凝土弹性反应的能量通过弹击杆传递到弹击锤，使弹击锤弹回，弹击锤弹回的距离为 x（图 6-1），此时弹击锤的势能为：

$$E_x = \frac{1}{2} K x^2 \tag{6-2}$$

弹击锤在弹击过程中损耗的能量为：

$$\Delta E = E - E_x = \frac{1}{2} K l^2 - \frac{1}{2} K x^2 = E\left[1 - \left(\frac{x}{l}\right)^2\right] \tag{6-3}$$

令

$$R = \frac{x}{l} \tag{6-4}$$

对于回弹仪，其 l 为定值，所以 R 与 x 成正比，称为回弹值。将 R 代入式（6-3）得：

$$R = \sqrt{1 - \frac{\Delta E}{E}} = \sqrt{\frac{E_x}{E}} \tag{6-5}$$

由式（6-5）可知，回弹值 R 等于重锤冲击混凝土表面后剩余的势能与原有势能之比的平方根，即回弹值 R 是弹击锤弹击过程中能量损失的反映。弹击过程中弹击锤的能量损失主要有以下三个方面：

（1）混凝土构件受冲击后产生塑性变形所吸收的能量；

（2）混凝土构件受冲击后产生振动所消耗的能量；

（3）回弹仪各机构间的摩擦所消耗的能量。

在具体的试验中，可以采取适当的措施以确保混凝土构件有足够的刚度，减少因振动导致的能量损耗；回弹仪应进行统一的计量率定，使冲击能量与仪器内摩擦损耗保持一致。因此，回弹值主要取决于混凝土塑性变形，混凝土的塑性变形大（即硬度低、弹性性能差），消耗于产生塑性变形的能量损耗也越大，弹击锤获得的反弹能量也就越小，回弹值相应也最小。

根据以上的分析可以认为，回弹值反映了弹击锤弹击混凝土表面前后的能量损耗，既反映了混凝土的弹性性能，也反映了混凝土的塑性性能。

由于回弹的影响因素较多，回弹值 R 与 E_s、l 的理论关系尚难推导。因此，目前回弹法测定混凝土强度均采用试验归纳法，剪力混凝土强度 f_{cu}^c 与回弹值 R 及注意影响因素（如混凝土表面的碳化深度 d）之间的二元回归公式，这些回归公式可采用不同的函数形式，根据大量试验数据进行回归拟合，将其相关系数较大者作为经验公式，目前常用的经验公式形式有直线方程、幂函数方程、抛物线方程和二元方程。

2. 检测仪器

测定回弹值的仪器，可采用示值系统为指针直读式或数字式的回弹仪。随着回弹仪用途的日益广泛和科学技术的不断发展，回弹仪的型号不断增加。我国自 20 世纪 50 年代中期，相继投入了 L 型（小型）、N 型（中型）及 M 型（大型）回弹仪。其中，以 N 型运用最为广泛，这种中型回弹仪是一种指针直读的直射锤击式仪器，其构造如图 6-2 所示。

（1）回弹仪的技术要求

1）回弹仪可为数字式的，也可为指针直读式的。

2）回弹仪应具有产品合格证及计量检定证书，并应在回弹仪的明显位置上标注名称、型号、制造厂名（或商标）、出厂编号等。

3）水平弹击时，在弹击锤脱钩瞬间，回弹仪的标称能量应为：小型，0.735J；中型，2.207J；大型，29.40J。

4）在弹击锤与弹击杆碰撞的瞬间，弹击拉簧应处于自由状态，且弹击锤起跳点应位于指针指示刻度尺上的"0"处。

5）在洛氏硬度 HRC 为 60±2 的钢砧上，回弹仪的率定值应为 80±2。

6）数字式回弹仪应带有指针直读示值系统，数字显示的回弹值与指针直读示值相差不应超过 1。

7）回弹仪使用时的环境温度应为（-4～40）℃。

（2）回弹仪的检定

回弹仪检定周期为半年，当回弹仪具有下列情况之一时，应由法定计量检定机构按现行行业标准《回弹仪》JJG 817 进行检定：

1）回弹仪启用前；

2）超过检定有效期限；

3）数字式回弹仪数字显示的回弹值与指针直读示值相差大于 1；

4）经保养后，在钢砧上的率定值不合格；

5）遭受严重撞击或其他损害。

经检定合格的仪器应符合下列标准状态：

① 回弹仪在钢砧的率定值符合要求；

② 弹击拉簧的工作长度应为 61.5mm，弹击锤的冲击长度（拉簧的拉伸长度）应为 75mm，弹击锤在刻度尺上的"100"处脱钩，此时弹击锤与弹击杆碰撞的瞬间，弹击拉簧处于自由状态且弹击锤起跳点应位于指针指示刻度尺上的"0"处；

③ 指针块上的指示线至指针片端部的水平距离为 20mm，指针块的指针轴全长上的摩擦力为 0.5～0.8N；

④ 弹击杆前端的曲率半径为 25mm，后端的冲击面为平面；

⑤ 回弹仪操作简便、脱钩灵活。

回弹仪的率定试验应在室温为 5～35℃ 的条件下进行。钢砧表面应干燥、清洁，并应稳固地平放在刚度大的物体上。回弹值应取连续向下弹击三次的稳定回弹结果的平均值。率定试验应分四个方向进行，且每个方向弹击前，弹击杆应旋转 90°，每个方向的回弹平均值均应为 80±2。

（3）回弹仪的保养

回弹仪使用完毕后，应使弹击杆伸出机壳，并应清除弹击杆、杆前端球面以及刻度尺表面和外壳上的污垢、尘土。回弹仪不用时，应将弹击杆压入机壳内，经弹击后按下按钮，锁住机芯，然后装入仪器箱。仪器箱应平放在干燥、阴凉处。当数字式回弹仪长期不

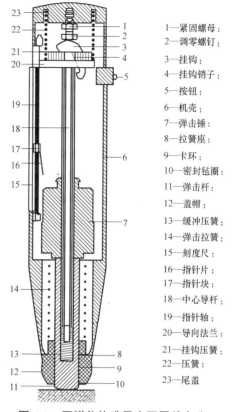

1—紧固螺母；
2—调零螺钉；
3—挂钩；
4—挂钩销子；
5—按钮；
6—机壳；
7—弹击锤；
8—拉簧座；
9—卡环；
10—密封毡圈；
11—弹击杆；
12—盖帽；
13—缓冲压簧；
14—弹击拉簧；
15—刻度尺；
16—指针片；
17—指针块；
18—中心导杆；
19—指针轴；
20—导向法兰；
21—挂钩压簧；
22—压簧；
23—尾盖

图 6-2　回弹仪构造及主要零件名称

用时，应取出电池。

当回弹仪在钢砧上的率定值不合格、对检测值有怀疑或回弹仪弹击超过 2000 次时，应进行保养。回弹仪的保养应按下列步骤进行：

1）先将弹击锤脱钩，取出机芯，然后卸下弹击杆，取出里面的缓冲压簧，并取出弹击锤、弹击拉簧和拉簧座；

2）清洁机芯各零部件，并应重点清理中心导杆、弹击锤和弹击杆的内孔及冲击面。清理后应在中心导杆上薄薄涂抹钟表油，其他零部件不得抹油；

3）清理机壳内壁，卸下刻度尺，检查指针，其摩擦力应为 0.5～0.8N；

4）对于数字式回弹仪，还应按产品要求的维护程序进行维护；

5）保养时，不得旋转尾盖上已定位紧固的调零螺钉，不得自制或更换零部件；

6）保养后应按《回弹法检测混凝土抗压强度技术规程》JGJ/T 23 的规定进行率定。

(4) 回弹仪的操作

正确的操作是保证检测结果准确性的重要保证，在检测时应严格按照操作规程进行操作。检测时，将弹击杆顶住混凝土的表面，轻压仪器，松开按钮，弹击杆徐徐伸出。检测过程中，应始终保持仪器的纵轴线与被测混凝土面垂直，将回弹仪的弹击杆端部顶住混凝土检测面，缓慢均匀施压，待弹击锤脱钩，冲击弹击杆后即回弹，带动指针向后移动并停留在某一位置上，指针块上的示值刻度线指示出的数值即为回弹值。使回弹仪端部继续顶住混凝土检测面并读取和记录回弹值。如果条件不利于读数，可按下按钮，锁住机芯，将回弹仪移至他处读数。回弹值读取完毕后逐渐对回弹仪减压，使弹击杆从机壳内伸出，挂钩挂上弹击锤，即可进行下一次的回弹操作。

3. 测强曲线

用混凝土试块的抗压强度与回弹法检测参数之间建立起来的相关关系曲线，即为回弹法的测强曲线。混凝土强度换算值可采用下列的测强曲线计算：

统一测强曲线：有全国有代表性的材料、成型工艺制作的混凝土试件，通过试验所建立的测强曲线。这种曲线是以全国许多地区曲线作为基础，经过大量的分析研究和计算汇总而成的。

地区测强曲线：由本地区常用的材料、成型工艺制作的混凝土试块，通过试验所建立的测强曲线。这类曲线适用于无专用测强曲线的工程检测，对本地区和本部门来说，其现场适应性和强度测试精度均优于统一测强曲线。

专用测强曲线：由与构件混凝土相同的材料、成型养护工艺制作的混凝土试件，通过试验所建立的测强曲线。制定的这类曲线应针对性较强，故测试精度较地区曲线为高。

有条件的地区和部门，应制定本地区的测强曲线或专用测强曲线，检测中宜按专用测强曲线、地区测强曲线、统一测强曲线的顺序选用测强曲线。

(1) 统一测强曲线

符合下列条件的混凝土构件，测区强度应采用《回弹法检测混凝土抗压强度技术规程》JGJ/T 23 附录 A、附录 B 进行强度换算：

① 混凝土采用的水泥、砂石、外加剂、掺合料、拌合用水符合国家现行有关标准；

② 采用普通成型工艺；

③ 采用符合国家标准规定的模板；

④ 蒸汽养护出池经自然养护 7d 以上，且混凝土表层为干燥状态；

⑤ 自然养护且龄期为 14～1000d；

⑥ 抗压强度为 10.0～60.0MPa。

当混凝土构件有下列情况之一时，测区混凝土强度不得采用《回弹法检测混凝土抗压强度技术规程》JGJ/T 23 附录 A、附录 B 进行强度换算：

a. 非泵送混凝土粗骨料最大公称粒径大于 60mm，泵送混凝土粗骨料最大公称粒径大于 31.5mm；

b. 特种成型工艺制作的混凝土；

c. 检测部位曲率半径小于 250mm；

d. 潮湿或浸水混凝土。

(2) 地区和专用测强曲线

1) 选择试验设备

在建立测强曲线时必须选择检测方法规范所规定的、各项性能指标均符合要求的仪器和设备，且这些仪器和设备需经过检定单位检定并处于检定有效期内。

2) 试块的制作和养护

在制作试块时，选用的混凝土原材料（含品种、规格）、成型工艺、养护方法等方面条件应与欲测构件相同。应按最佳配合比设计 5 个强度等级，且每一强度等级不同龄期应分别制作不少于 6 个 150mm 立方体试件。在成型 24h 后，将试块移至与被测构件相同条件下养护，试块拆模日期宜与构件的拆模日期相同。

3) 试块的测试

到达测试龄期的试块，应擦净试块表面，以浇筑侧面的两个相对面置于压力机的上下承压板之间，加压 60～100kN。在试块保持压力下，按照前述的操作方法，在试块的两个侧面分别弹击 8 个点，从每一个试块的 16 个回弹值中剔除 3 个最大值和 3 个最小值，以余下的 10 个回弹值的平均值（精确至 0.1）作为该试块的平均回弹值 R_m。将试块加荷直至破坏，计算试块的抗压强度值 f_{cu}（MPa），精确至 0.1MPa。按本节 2.1.3 条的方法在试块边缘测量该试块的平均碳化深度值。

4) 测强曲线的建立

当所有测试龄期的试块全部测试完成后，按每一试件测得的 R_m、d_m 和 f_{cu}，采用最小二乘法原理计算。回归方程宜采用以下函数关系式：

$$f_{cu}^c = a R_m^b \cdot 10^{cd_m}　　　　　　　　　　（6-6）$$

式中　d_m——试件的平均碳化深度；

b、c——回归系数；

a——常数项。

曲线建立完成后，应注明建立曲线的技术条件，包括原材料的品种、规格、成型工艺和养护方法等，测强曲线仅适用于在建立测强曲线时的技术条件下使用，一般不能外推，以保证测试结果的准确性。

5) 测强曲线的验证

测强曲线建立之后，应进行系统的验证工作，以检验曲线的测试精度及其适用性。回归方程式的强度平均相对误差 δ 和强度相对标准差 e_r 应按下式进行计算：

$$\delta = \pm \frac{1}{n} \sum_{i=1}^{n} \left| \frac{f_{cu,i}^{c}}{f_{cu,i}} - 1 \right| \times 100 \qquad (6-7)$$

$$e_r = \sqrt{\frac{1}{n-1} \sum_{i-1}^{n} \left(\frac{f_{cu,i}^{c}}{f_{cu,i}} - 1 \right)^2 \times 100} \qquad (6-8)$$

式中 δ——回归方程式的强度平均相对误差（%），精确至 0.1；

      e_r——回归方程式的强度相对标准差（%），精确至 0.1；

   $f_{cu,i}$——由第 i 个试块抗压试验得出的混凝土抗压强度值（MPa），精确至 0.1MPa；

   $f_{cu,i}^{c}$——由同一试块的平均回弹值 R_m 及平均碳化深度 d_m 按回归方程式算出的混凝土的强度换算值（MPa），精确至 0.1MPa；

     n——制定回归方程的试件数。

当制定的地区和专用测强曲线的误差符合下列规定时，则该条测强曲线可以在其相应的适应范围内作为测强曲线使用。①地区测强曲线：平均相对误差（δ）不应大于 $\pm14.0\%$，相对标准差（e_r）不应大于 17.0%；②专用测强曲线：平均相对误差（δ）不应大于 $\pm12.0\%$，相对标准差（e_r）不应大于 14.0%。

4. 检测技术要点

(1) 检测准备

凡需要进行回弹法检测的混凝土结构和构件，往往是缺乏同条件养护试块或标准试块数量不足，试块的强度缺乏代表性，试块的试压结果不符合现行标准、规范、规程所规定的要求。并对该结果持有怀疑。所以，检测前应全面、正确地了解被测结构或构件的情况，一般应收集以下文件资料：

1) 工程名称、设计单位、施工单位；

2) 构件名称、数量及混凝土类型、强度等级；

3) 水泥安定性，外加剂、掺合料品种，混凝土配合比等；

4) 施工模板，混凝土浇筑、养护情况及浇筑日期等；

5) 必要的设计图纸和施工记录；

6) 检测原因。

其中，对水泥安定性必须了解合格与否。如果水泥的安定性不合格则不能采用回弹法进行检测。

(2) 抽样方法

混凝土构件的混凝土强度可按单个构件或按批量进行检测，其适用范围或构件数量应符合下列规定：

1) 单个构件：适用于单个结构或构件的检测；

2) 批量检测：适用于相同的生产工艺条件下，混凝土强度等级相同，原材料、配合比、成型工艺、养护条件基本一致且龄期相近的一批同类构件。按批检测的构件，抽检数量不宜少于同批构件总数的 30% 且不宜少于 10 件。当检测批受检构件数量大于 30 个时，抽检构件数量可适当调整，并不得少于国家现行有关标准规定的最少抽检数量。抽检构件时，应随机抽取并使所选构件具有代表性，抽取试样时应严格遵守"随机"的原则。

(3) 测区的要求

当了解了待检混凝土结构或构件的情况并确定抽样方法后，需要在构件上选择及布置测区。所谓测区，是指检测结构或构件混凝土强度时的一个检测单元。对单个构件的检测应符合下列规定：

1）对于一般构件，测区数不宜少于 10 个。当受检构件数量大于 30 个且不需提供单个构件推定强度或受检构件某一方向尺寸不大于 4.5m 且另一方向尺寸不大于 0.3m 时，每个构件的测区数量可适当减少，但不应少于 5 个；

2）相邻两测区的间距不应大于 2m，测区离构件端部或施工缝边缘的距离不宜大于 0.5m，且不宜小于 0.2m；

3）测区宜选在能使回弹仪处于水平方向的混凝土浇筑侧面。当不能满足这一要求时，也可选在使回弹仪处于非水平方向的混凝土浇筑表面或底面；

4）测区宜布置在构件的两个对称的可侧面上，当不能布置在对称的可侧面上时，也可布置在同一可测面上且应均匀分布。在构件的重要部位及薄弱部位应布置测区，并应避开预埋件；

5）测区的面积不宜大于 0.04m²；

6）对于弹击时产生颤动的薄壁、小型构件，应进行固定；

7）结构或构件的测区应标有清晰的编号，并宜在记录纸上描述测区布置示意图和外观质量情况。

(4) 回弹值的测量

检测时，回弹仪的轴线应始终垂直于混凝土检测面，并应缓慢施压、准确读数、快速复位。

每一测区应记取 16 个回弹值，每一测点的回弹值读数应精确至 1。测点宜在测区范围内均匀分布，相邻两测点的净距离不宜小于 20mm；测点距外露钢筋、预埋件的距离不宜小于 30mm；测点不应在气孔或外露石子上，当弹击到隐藏的薄薄一层水泥浆下的气孔或石子上时，该测点回弹值作废，不记录。同一测点应只弹击一次。

(5) 碳化深度的测量

碳化值测量完毕后，采用工具在测区的表面形成直径约 15mm 的孔洞，孔洞的深度应大于混凝土的碳化深度，清除孔洞中的粉末和碎屑（不得用水擦洗），立即用 1%～2% 的酚酞酒精溶液滴在孔洞的内壁的边缘处，当已碳化与未碳化界线清晰时，采用碳化深度测量仪测量已碳化与未碳化混凝土交界面到混凝土表面的垂直距离，该距离即为混凝土的碳化值，每个孔洞测量 3 次，每次读数精确至 0.25mm，取三次测量的平均值作为测量结果，精确至 0.5mm。应在有代表性的测区上测量碳化深度值，测点数不应少于构件测区数的 30%，取其平均值作为该构件每个测区的碳化深度值。当碳化深度值极差大于 2.0mm 时，应在每一测区分别测量碳化深度值。

5. 数据处理

当回弹仪水平方向测试混凝土浇筑侧面时，计算测区平均回弹值时应从测区的 16 个回弹值中剔除 3 个最大值和 3 个最小值，取余下的 10 个回弹值的平均值作为该测区的平均回弹值。计算公式如下：

$$R_m = \frac{\sum\limits_{i=1}^{10} R_i}{10}$$

(6-9)

式中 R_m——测区平均回弹值，精确至 0.1；

R_i——第 i 个测点的回弹值。

由于回弹法测强曲线是根据回弹仪水平方向测试混凝土试件成型侧面的试验数据计算得出的，因此当检测中无法满足上述条件时需要对测得的回弹值进行修正。若检测时为非水平方向检测混凝土浇筑侧面时，应根据回弹仪轴线与水平方向的角度 α 按表 6-1 查出修正值，然后将测区的平均回弹值应按式（6-10）修正：

$$R_m = R_{m\alpha} + R_{a\alpha} \tag{6-10}$$

式中 $R_{m\alpha}$——回弹仪与水平方向成 α 角测试时测区的平均回弹值，精确至 0.1；

$R_{a\alpha}$——非水平方向检测时回弹值修正值，按表 6-1 取值。

非水平方向检测时的回弹值修正值　　　　表 6-1

$R_{m\alpha}$	检测角度							
	向上				向下			
	90°	60°	45°	30°	30°	45°	60°	90°
20	−6.0	−5.0	−4.0	−3.0	+2.5	+3.0	+3.5	+4.0
21	−5.9	−4.9	−4.0	−3.0	+2.5	+3.0	+3.5	+4.0
22	−5.8	−4.8	−3.9	−2.9	+2.4	+2.9	+3.4	+3.9
23	−5.7	−4.7	−3.9	−2.9	+2.4	+2.9	+3.4	+3.9
24	−5.6	−4.6	−3.8	−2.8	+2.3	+2.8	+3.3	+3.8
25	−5.5	−4.5	−3.8	−2.8	+2.3	+2.8	+3.3	+3.8
26	−5.4	−4.4	−3.7	−2.7	+2.2	+2.7	+3.2	+3.7
27	−5.3	−4.3	−3.7	−2.7	+2.2	+2.7	+3.2	+3.7
28	−5.2	−4.2	−3.6	−2.6	+2.1	+2.6	+3.1	+3.6
29	−5.1	−4.1	−3.6	−2.6	+2.1	+2.6	+3.1	+3.6
30	−5.0	−4.0	−3.5	−2.5	+2.0	+2.5	+3.0	+3.5
31	−4.9	−4.0	−3.5	−2.5	+2.0	+2.5	+3.0	+3.5
32	−4.8	−3.9	−3.4	−2.4	+1.9	+2.4	+2.9	+3.4
33	−4.7	−3.9	−3.4	−2.4	+1.9	+2.4	+2.9	+3.4
34	−4.6	−3.8	−3.3	−2.3	+1.8	+2.3	+2.8	+3.3
35	−4.5	−3.8	−3.3	−2.3	+1.8	+2.3	+2.8	+3.3
36	−4.4	−3.7	−3.2	−2.2	+1.7	+2.2	+2.7	+3.2
37	−4.3	−3.7	−3.2	−2.2	+1.7	+2.2	+2.7	+3.2
38	−4.2	−3.6	−3.1	−2.1	+1.6	+2.1	+2.6	+3.1
39	−4.1	−3.6	−3.1	−2.1	+1.6	+2.1	+2.6	+3.1
40	−4.0	−3.5	−3.0	−2.0	+1.5	+2.0	+2.5	+3.0
41	−4.0	−3.5	−3.0	−2.0	+1.5	+2.0	+2.5	+3.0
42	−3.9	−3.4	−2.9	−1.9	+1.4	+1.9	+2.4	+2.9
43	−3.9	−3.4	−2.9	−1.9	+1.4	+1.9	+2.4	+2.9
44	−3.8	−3.3	−2.8	−1.8	+1.3	+1.8	+2.3	+2.8

$R_{m\alpha}$	检测角度							
	向上				向下			
	90°	60°	45°	30°	30°	45°	60°	90°
45	−3.8	−3.3	−2.8	−1.8	+1.3	+1.8	+2.3	+2.8
46	−3.7	−3.2	−2.7	−1.7	+1.2	+1.7	+2.2	+2.7
47	−3.7	−3.2	−2.7	−1.7	+1.2	+1.7	+2.2	+2.7
48	−3.6	−3.1	−2.6	−1.6	+1.1	+1.6	+2.1	+2.6
49	−3.6	−3.1	−2.6	−1.6	+1.1	+1.6	+2.1	+2.6
50	−3.5	−3.0	−2.5	−1.5	+1.0	+1.5	+2.0	+2.5

注：表中未列入的修正值 $R_{a\alpha}$ 可用内插法求得，精确至 0.1。当 $R_{m\alpha} < 20$ 时，按 $R_{m\alpha}=20$ 修正；当 $R_{m\alpha} > 50$ 时，按 $R_{m\alpha}=50$ 修正。

当回弹仪水平方向检测混凝土浇筑表面或底面时，测区的平均回弹值应按下式修正：

$$R_m = R_m^t + R_a^t \tag{6-11}$$

$$R_m = R_m^b + R_a^b \tag{6-12}$$

式中　R_m^t、R_m^b——水平方向检测混凝土浇筑表面、底面时，测区的平均回弹值，精确至 0.1；

　　　R_a^t、R_a^b——混凝土浇筑表面、底面回弹值的修正值，按表 6-2 取值。

不同浇筑面的回弹值修正值　　　　表 6-2

R_m^t 或 R_m^b	表面修正值 (R_a^t)	表面修正值 (R_a^b)	R_m^t 或 R_m^b	表面修正值 (R_a^t)	表面修正值 (R_a^b)
20	+2.5	−3.0	36	+0.9	−1.4
21	+2.4	−2.9	37	+0.8	−1.3
22	+2.3	−2.8	38	+0.7	−1.2
23	+2.2	−2.7	39	+0.6	−1.1
24	+2.1	−2.6	40	+0.5	−1.0
25	+2.0	−2.5	41	+0.4	−0.9
26	+1.9	−2.4	42	+0.3	−0.8
27	+1.8	−2.3	43	+0.2	−0.7
28	+1.7	−2.2	44	+0.1	−0.6
29	+1.6	−2.1	45	0	−0.5
30	+1.5	−2.0	46	0	−0.4
31	+1.4	−1.9	47	0	−0.3
32	+1.3	−1.8	48	0	−0.2
33	+1.2	−1.7	49	0	−0.1
34	+1.1	−1.6	50	0	0
35	+1.0	−1.5			

注：1. 表中未列入的修正值 R_a^t、R_a^b 可用内插法求得，精确至 0.1；

　　2. R_m^t 或 R_m^b 小于 20 或大于 50 时，分别按 20 或 50 查表；

　　3. 表中有关混凝土浇筑表面的修正系数，是指一般原浆抹面的修正值；

　　4. 表中有关混凝土浇筑底面的修正系数，是指构件底面与侧面采用同一类模板在正常浇筑情况下的修正值。

当回弹仪为非水平方向且测试面为混凝土的非浇筑侧面时，应先对回弹值进行角度修正，并应对修正后的回弹值进行浇筑面修正。

6. 混凝土强度推定

1）测区混凝土强度值的确定

根据每一个测区的平均回弹值 R_m 及平均碳化深度值 d_m，查阅由专用测强曲线或地区测强曲线或统一测强曲线编制的"测区混凝土强度换算表"，所查出的强度值即为该测区的混凝土强度换算值。

2）结构或构件混凝土强度的确定

构件的测区混凝土强度平均值应根据各测区的混凝土强度换算值计算。当测区数为10个及以上时，还应计算强度标准差。平均值和标准差应按下列公式计算：

$$m_{f_{cu}^c} = \frac{\sum\limits_{i=1}^{n} f_{cu,i}^c}{n} \tag{6-13}$$

$$S_{f_{cu}^c} = \sqrt{\frac{\sum\limits_{i=1}^{n} (f_{cu,i}^c)^2 - n(m_{f_{cu}^c})^2}{n-1}} \tag{6-14}$$

式中　$m_{f_{cu}^c}$——构件测区混凝土强度换算值的平均值（MPa），精确至 0.1MPa；

　　　n——对于单个检测的构件，取该构件的测区数；对批量检测的构件，取所有被抽检构件测区数之和；

　　　$S_{f_{cu}^c}$——结构或构件测区混凝土强度换算值的标准差（MPa），精确至 0.01MPa。

3）同条件试件或钻芯法修正

当检测条件与测强曲线的适用条件有较大差异时，可采用在构件上钻取的混凝土芯样或同条件试块对测区混凝土强度换算值进行修正。对同一强度等级混凝土修正时，芯样数量不应少于6个，公称直径宜为100mm，高径比应为1。芯样应在测区内钻取，每个芯样应只加工一个试件。同条件试块修正时，试块数量不应少于6个，试块边长应为150mm。计算时，测区混凝土强度换算值应加上修正量 Δ_{tot}，即：

$$f_{cu,i1}^c = f_{cu,i0}^c + \Delta_{tot} \tag{6-15}$$

式中　$f_{cu,i0}^c$——第 i 个测区修正前的混凝土强度换算值（MPa），精确到 0.1MPa；

　　　$f_{cu,i1}^c$——第 i 个测区修正后的混凝土强度换算值（MPa），精确到 0.1MPa；

　　　Δ_{tot}——测区混凝土强度修正值（MPa），精确到 0.1MPa。

测区混凝土的修正量 Δ_{tot} 应按下列公式计算：

$$\Delta_{tot} = f_{cor,m} - f_{cu,m0}^c \tag{6-16}$$

$$\Delta_{tot} = f_{co,m} - f_{cu,m0}^c \tag{6-17}$$

$$f_{cor,m} = \frac{1}{n} \sum\limits_{i=1}^{n} f_{cor,i} \tag{6-18}$$

$$f_{cu,m0}^c = \frac{1}{n} \sum\limits_{i=1}^{n} f_{cu,i}^c \tag{6-19}$$

式中　$f_{cor,m}$——芯样试件混凝土强度平均值（MPa），精确到 0.1MPa；

　　　$f_{cu,m}$——150mm 同条件立方体试块混凝土强度平均值（MPa），精确到 0.1MPa；

$f^c_{cu,m0}$——对应于钻芯部位或同条件立方体试块回弹测区混凝土强度换算值的平均
值（MPa），精确到 0.1MPa；

$f_{cor,i}$——第 i 个混凝土芯样试件的抗压强度；

$f_{cu,i}$——第 i 个混凝土立方体试块的抗压强度；

$f^c_{cu,i}$——对应于第 i 个芯样部位或同条件立方体试块测区回弹值和碳化深度值的
混凝土强度换算值；

n——芯样或试块数量。

4）强度推定方法

构件的混凝土强度推定值是指相应于强度换算值总体分布中保证率不低于 95％的构
件中混凝土抗压强度值。构件的现龄期混凝土强度推定值（$f_{cu,e}$）应符合下列规定：

① 当构件测区数少于 10 个时，应按式（6-20）计算：

$$f_{cu,e}=f^c_{cu,min} \tag{6-20}$$

式中　$f^c_{cu,min}$——构件中的最小的测区混凝土强度计算值。

② 当构件的测区强度值中出现小于 10.0MPa 时，记为 $f_{cu,e}<10.0$MPa；

③ 当构件测区数不少于 10 个时，应按下式计算：

$$f_{cu,e}=m_{f^c_{cu}}-1.645S_{f^c_{cu}} \tag{6-21}$$

④ 当批量检测时，应按下式计算：

$$f_{cu,e}=m_{f^c_{cu}}-kS_{f^c_{cu}} \tag{6-22}$$

式中　k——推定系数，宜取 1.645，当需要进行推定强度区间时，可按国家现行有关标
准的规定取值。

［**案例 6-1**］　某现浇混凝土梁，混凝土设计强度等级为 C25，采用泵送混凝土浇筑，
现场检测时选取 10 个测区，弹击混凝土梁底面。因梁为斜梁，检测时回弹仪与水平方向
呈 60°角。回弹仪读数和碳化深度检测值如下表，试依据《回弹法检测混凝土抗压强度技
术规程》JGJ/T 23 的统一测强曲线计算该梁构件的现龄期混凝土强度推定值。

构件	测区	回弹值																碳化深度
构件名称及编号：						轴梁						测试日期：　年　月　日						
		1	2	3	4	5	6	7	8	9	10	11	12	13	14	15	16	（mm）
梁	1	41	40	38	38	37	33	35	33	36	40	41	41	36	36	39	35	1.0,1.5,1.0
	2	39	39	35	43	46	47	47	42	43	44	48	46	36	44	46	42	
	3	40	41	43	41	45	46	43	41	37	50	43	43	45	43	43	42	
	4	41	42	40	39	43	46	43	48	46	41	40	40	46	48	45		
	5	45	40	39	47	41	33	33	37	45	44	47	43	36	30	36	39	0.75,0.5,1.0
	6	39	35	47	42	33	31	43	45	53	37	36	43	35	30	33	41	
	7	33	42	48	45	43	30	42	46	42	44	48	44	43	36	37	42	
	8	39	47	43	33	31	43	45	48	45	44	36	36	30	33	41	42	
	9	40	39	37	36	43	42	42	44	39	37	41	40	36	38	37	35	0.5,1.25,0.0
	10	36	42	36	35	31	42	43	45	43	41	45	46	37	46	38	32	

［**解**］　（1）计算测区平均回弹值，应从该测区的 16 个回弹值中剔除 3 个最大值和 3
个最小值，余下的 10 个回弹值计算平均值；

（2）角度修正：$R_m = R_{m\alpha} + R_{a\alpha}$，查表 6-1；

（3）浇筑面修正：$R_m = R_m^b + R_a^b$，回弹梁底面，查表 6-2；

（4）根据平均碳化深度值查《回弹法检测混凝土抗压强度技术规程》JGJ/T 23 附录 B 得出测区强度值；

（5）混凝土强度推定：测区数不少于 10 个，按式（6-21）计算，精确至 0.1MPa。计算结果见下表：

构件名称及编号：		轴梁			计算日期：　年　月　日						
<div>测区</div>项目		1	2	3	4	5	6	7	8	9	10
回弹值	测区平均值	37.5	43.5	42.7	43.5	40	38.4	42.4	40.9	39	40.3
	角度修正值	−3.6	−3.3	−3.4	−3.3	−3.5	−3.6	−3.4	−3.5	−3.6	−3.5
	角度修正后	33.9	40.2	39.3	40.2	36.5	34.8	39	37.4	35.4	36.8
	浇筑面修正值	−1.6	−1.0	−1.1	−1.0	−1.4	−1.5	−1.1	−1.3	−1.5	−1.3
	浇筑面修正后	32.3	39.2	38.2	39.2	35.1	33.3	37.9	36.1	33.9	35.5
平均碳化深度值（mm）		1.0	1.0	1.0	1.0	1.0	1.0	1.0	1.0	1.0	1.0
混凝土测区强度值 f_{cu}^c（MPa）		28.1	40.9	38.9	40.9	33.0	29.8	38.3	34.8	30.9	33.7
强度计算：		$m_{f_{cu}^c} = 34.9$				$S_{f_{cu}^c} = 4.63$			$f_{cu, min}^c = 28.1$		
使用的测区强度换算表为《回弹法检测混凝土抗压强度技术规程》JGJ/T 23—2011 附表 B							$f_{cu, e} = 27.32$（MPa）				

6.1.2　超声回弹综合法检测混凝土抗压强度

1. 检测原理

超声回弹综合法是指采用中型回弹仪和混凝土超声波检测仪，在结构混凝土同一测区分别测量声速值和回弹值，根据混凝土强度与表面硬度及超声波在混凝土中的传播速度之间的相关关系推定测区混凝土强度的一种方法。超声回弹综合法在国内多项工程的混凝土强度检测中得到的广泛的运用，为工程质量事故的处理提供了重要依据。与单一的回弹法相比，超声回弹综合法具有以下特点：

（1）减少龄期和含水率的影响

混凝土的声速值除受粗骨料的影响外，还受到混凝土龄期和含水率等因素的影响。而回弹值除受到混凝土表面状态的影响外，也受到混凝土的龄期和含水率等因素的影响。然而，混凝土的龄期和含水率对混凝土内超声波声速和回弹值有着不同的影响，混凝土的含水率偏高会使超声波在混凝土中声速偏高，同时混凝土的回弹值则偏低；混凝土的龄期长，超声波在混凝土中的声速下降，而回弹值则会因混凝土碳化深度的增加而提高。因此，采用超声回弹综合法检测混凝土强度时，可以减少混凝土龄期和含水率的影响。

（2）弥补各自的不足

采用回弹法和超声法综合测定混凝土的强度，既可以做到内外结合，又能在混凝土较低和较高强度区间相互弥补各自的不足，能搞较全面地反映混凝土的实际情况。

（3）测试精度提高

由于超声回弹综合法能削弱一些因素对测试结果的影响，较全面地反映混凝土的实际质量，所以对提高混凝土强度检测精度有明显的效果。

2. 检测仪器

采用超声回弹综合法检测混凝土强度的试验中，常用的仪器为中型回弹仪和超声检测仪，这些仪器的各项性能必须符合有关规范要求，回弹仪的技术性能要求详见本节前文 2.1.2 条的内容。用于混凝土检测的超声波检测仪可分为数字式和模拟式，模拟式检测仪接收的信号为连续模拟量，可由时域波形信号测读声学参数；数字式检测仪接收的信号转化为离散数字量，具有采集、储存数字信号、测读声学参数和对数字信号处理的智能化功能。

（1）超声波检测仪的技术要求

为满足混凝土测试的需要，用于混凝土检测的超声波检测仪应满足下列要求：

1）具有波形清晰、显示稳定的示波装置；

2）声时最小分度值为 $0.1\mu s$；

3）具有最小分度值为 1dB 的信号幅度调整系统；

4）接收放大器频响范围为 $10\sim500kHz$，总增益不小于 80dB，接收灵敏度（信噪比 3∶1 时）不大于 $50\mu V$；

5）电源电压波动范围在标称值 ±10% 情况下能正常工作；

6）连续正常工作时间不少于 4h。

模拟式超声检测仪还应满足数字显示稳定，声时调节在 $20\sim30\mu s$ 范围内，连续静置 1h 数字变化不超过 $\pm0.2\mu s$；且具有手动游标和自动整形两种声时测读功能。

数字式超声检测仪则还应满足具有采集、储存数字信号并进行数据处理的功能，且应具有手动游标测读和自动测读两种方式；当自动测读时，在同一测试条件下，在 1h 内每 5min 测读一次声时值的差异不超过 $\pm0.2\mu s$；自动测读时，在显示器的接收波形上，有光标指示声时的测读位置。

超声检测仪使用的环境温度应为 $0\sim40℃$。所采用的超声波检测仪尚应符合现行行业标准《混凝土超声波检测仪》JG/T 5004 的要求，并在计量检定有效期内使用。

因为大量的试验表明，由于超声波脉冲波的频散效应，采用不同频率换能器测量的混凝土中声速有所不同且声速有随换能器频率增高而增大的趋势，故检测中使用的换能器的工作频率宜在 $50\sim100kHz$ 范围内，在该频率区间所测的声速偏差较小。换能器的实测主频与标称频率相差不应超过 ±10%，实际频率与标称频率差异过大会导致测读的声时值产生较大误差，以致测出的声速难以反映混凝土的真实强度。

（2）超声检测仪的校准

超声波检测仪应进行声时计量检验，应按"时-距"法测量空气中声速实测值 $v°$，空气中声速的测试步骤如下：

取常用平面换能器一对，接于超声波仪器上。开机预热 10min。在空气中将两个换能器的辐射面对准，依次改变两个换能器辐射面之间的距离 l（如 50mm、60mm、70mm、80mm、90mm、100mm、110mm、120mm……），在保持首波幅度一致的条件下，读取各间距所对应的 t_1、t_2、t_3……t_n。同时测量空气温度 T_k，精确至 $0.5℃$。测量时，应注意下列事项：

1）两个换能器辐射面的轴线始终保持在同一直线上；

2）换能器辐射面间距的测量误差应不超过±1%，且测量精度为0.5mm；

3）换能器辐射面宜悬空相对放置；若置于地板或桌面上，必须在换能器下面垫以吸声材料。

实测空气中声速计算方法可采用以换能器辐射面间距为纵坐标，声时读数为横坐标，将各组数据点绘在直角坐标图上。穿越各点形成一直线，算出该直线的斜率，即为空气中声速实测值 $v°$；亦可以各测点的测距 l 和对应的声时 t 求回归直线方程 $l=a\pm bt$。回归系数 b 便是空气中声速实测值 $v°$。

空气中声速计算值 v_k 按式（6-23）计算：

$$v_k=331.4\sqrt{1+0.00367T_k}\tag{6-23}$$

式中　331.4——0℃时空气中的声速值（m/s）；

　　　　v_k——温度为 T_k 时空气中的声速计算值（m/s）；

　　　　T_k——测试时空气的温度（℃）。

空气中声速计算值 v_k 与空气中声速实测值 $v°$ 之间的相对误差 e_r，可按式（6-24）计算：

$$e_r=(v_k-v°)/v_k\times100\%\tag{6-24}$$

计算所得 e_r 值不应超过±0.5%；否则，应检查仪器各部位的连接后重测，或更换超声波检测仪。

检测时，应根据测试需要在仪器上配置合适的换能器和高频电缆线，并测定声时初读数 t_0。检测过程中，如更换换能器或高频电缆时，应重新测定 t_0。

（3）超声检测仪的保养

为确保仪器处于正常状态，应定期对超声检测仪进行保养，仪器工作时应注意防尘、防震，仪器应存放在阴凉、干燥的环境中；对较长时间不用的仪器，应通电排除潮气，每月通电一次，每次不少于1h；仪器在搬运过程中，须防止碰撞和剧烈振动。

3. 测强曲线

在采用超声回弹综合法检测混凝土强度时，混凝土的配合比、水泥品种、粗骨料性质及粒径、混凝土龄期、含水率等因素对测试结果均有不同程度的影响。为提高测试精度，在建立测强曲线时有两种做法：一种是先建立标准曲线，然后用多个系数进行修正以确定混凝土的强度，该方法称为标准混凝土法；另一种是根据所采用的配合比、原材料等制作多组测强曲线，即常用配合比法或称最佳配合比法。最佳配合比法是我国运用较多的一种形式。

（1）统一测强曲线

当缺少专用测强曲线或地区测强曲线时，可采用《超声回弹综合法检测混凝土强度技术规程》CECS 02 规定的统一测强曲线，但使用前应按下述方法进行验证：

1）选用本地区常用的混凝土原材料，按最佳配合比配制强度等级为 C15、C20、C30、C40、C50、C60 的混凝土，制作边长为 150mm 的立方体试件各 3 组（共 18 组），7d 潮湿养护后再用自然养护；

2）采用符合本节前文要求的回弹仪和超声波检测仪；

3）按龄期为 28d、60d、90d 进行综合法测试的试件抗压试验；

4）根据每个试件测得的回弹值和声速值，有统一测强曲线查出该试件的抗压强度换算值 $f^c_{cu,i}$；

5）将试件抗压试验所得的抗压强度实测值 $f^o_{cu,i}$ 和试件抗压强度换算值 $f^c_{cu,i}$ 代入式（6-29）计算相对误差，如 $e_r \geqslant 15\%$，则应另行建立专用或地区测强曲线。

如 $e_r \leqslant 15\%$，则可使用 CECS 02 规定的全国统一测强曲线，也可使用下述的全国统一测区混凝土抗压强度换算公式计算：

① 当粗骨料为卵石时

$$f^c_{cu,i} = 0.0056 v_{ai}^{1.439} R_{ai}^{1.769} \tag{6-25}$$

② 当粗骨料为碎石时

$$f^c_{cu,i} = 0.0162 v_{ai}^{1.656} R_{ai}^{1.410} \tag{6-26}$$

式中　$f^c_{cu,i}$——第 i 个测区混凝土抗压强度换算值（MPa），精确至 0.1MPa。

(2) 地区和专用测强曲线

1）选择试验设备

在建立测强曲线时必须选择检测方法规范所规定的、各项性能指标均符合要求的仪器和设备，且这些仪器和设备需经过检定单位检定并处于检定有效期内。

2）试块的制作和养护

制作试块时混凝土用水泥应符合现行国家标准《普通硅酸盐水泥》GB 175 的要求，混凝土用砂、石应符合现行行业标准《普通混凝土用砂、石质量及检验方法标准》JGJ 52 的要求。

制作试块时应采用符合相关标准要求的钢模。选用本地区常用水泥、粗骨料、细骨料，按常用配合比制作混凝土强度等级为 C10～C60 的试块，试块为边长 150mm 的立方体，每一混凝土强度等级的试件数宜为 21 块，采用同一盘混凝土均匀装模振动成型；试件拆模后如采用自然养护，宜先放置在水池或湿砂堆中养护 7d，然后按"品"字形堆放在不受日晒雨淋处，准备在各龄期测试用；如采用蒸汽养护，则试块的养护制度应与构件预设的养护制度相同。试件的测试龄期 7d、14d、28d、60d、90d、180d 和 365d；对同一强度等级的混凝土，在每个测试龄期测试 3 个试件。

3）试块的测试

到达测试龄期的试块，应先整理试件，将被测试件四个浇筑侧面的尘土、污物等擦拭干净，同一强度等级混凝土的试件测试一组（3 个试件）。

① 声时值的测量及声速值的计算

在试块上测量声时，应取试块浇筑方向的一对侧面为测试面，为可保证换能器与测试面间有良好的声耦合，测试时采用对测法，在两个相对测试面上分别画出相对应的 3 个测试点（图 6-3）；这样可反映试块在浇筑方向上的上、中、下的质量情况。

测量试件的超声测距，采用钢卷尺或钢板尺测量，在两个超声测试面的两侧边缘处逐点测量两测试面的垂直距离，取两边缘对应垂直距离的平均值作为测点的超声测距值 l_1、l_2、l_3。在试件的两个测试面的对应测点位置涂抹耦合剂，将一对发射和接收换能器耦合在对应测点上，并始终保持两个换能器的轴线在同一直线上，逐点测读声时读数 t_1、t_2、

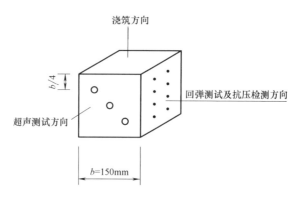

图 6-3 试块测点布置示意图

t_3，精确至 0.1μs。

分别计算 3 个测点的声速值 v_i，取 3 个测点声速的平均值作为该试件的混凝土声速代表值 v，即：

$$v = \frac{1}{3} \sum_{i=1}^{3} \frac{l_i}{t_i - t_0} \tag{6-27}$$

式中 v——试件混凝土中声速值（km/s），精确至 0.01km/s；

l_i——第 i 个测点超声测距（mm），精确至 1mm；

t_i——第 i 个测点混凝土中声时读数（μs），精确至 0.1μs；

t_0——声时初读数（μs）。

② 回弹值的测量及计算

测量试件的回弹值时，应先将试件超声测试面的耦合剂擦拭干净，再置于压力机上下承压板之间，使另外一对侧面朝向便于回弹测试的方向，然后加压至 30～50kN 并保持此压力。分别在试件的两个相对侧面上各弹击 8 次，取得 16 个回弹值，精确至 1。将 16 个回弹值剔除 3 个最大值和 3 个最小值，取余下 10 个有效回弹值的平均值，作为该试件的回弹代表值 R，计算精确至 0.1。

③ 抗压强度试验

回弹测试完毕后，卸荷将回弹测试面放置在压力机承压板正中，按现行国家标准《普通混凝土力学性能试验方法标准》GB/T 50081 的规定速度连续均匀加荷至破坏。计算抗压强度实测值 f_{cu}^o，精确值 0.1MPa。

4）测强曲线的建立

当所有检测龄期的试块全部测试完成后，将各试块测试所得的声速值 v、回弹代表值 R 和试块抗压强度实测值 f_{cu}^o 整理汇总。对数据进行回归分析，回归方程式采用下列的形式：

$$f_{cu}^c = a v^b R^c \tag{6-28}$$

式中 a——常数项；

b、c——回归系数；

f_{cu}^c——混凝土试件抗压强度换算值（MPa）。

测强曲线的相对误差 e_r 按式（6-29）计算：

$$e_r = \sqrt{\frac{\sum\limits_{i=1}^{n}\left(\dfrac{f_{cu,i}^{o}}{f_{cu,i}^{c}}-1\right)^2}{n}} \times 100\% \tag{6-29}$$

式中 e_r——相对误差；

$f_{cu,i}^{o}$——第 i 个立方体试件的抗压强度实测值（MPa）；

$f_{cu,i}^{c}$——第 i 个立方体试件按（6-28）计算的混凝土强度换算值（MPa）。

回归方程式的误差满足下列要求，则经有关部门批准后，可作为专用或地区测强曲线。

① 地方测强曲线 $e_r \leqslant 14\%$；

② 专用测强曲线 $e_r \leqslant 12\%$。

曲线的运用应按照本节的有关要求，不得外延，以保证测试结果的准确性。

4. 检测技术要点

综合法检测混凝土强度，实质上就是超声法和回弹法两种单一测强方法的综合测试。

（1）检测准备

需进行超声回弹综合法测试的结构或构件，在检测前需收集的必要资料如下：

1）工程名称、设计单位、施工单位；

2）构件名称、数量及混凝土类型、强度等级；

3）水泥的品种、强度等级和用量，砂石的品种、粒径，外加剂或掺合料的品种、掺量和混凝土配合比等；

4）模板类型，混凝土浇筑、养护情况和成型日期；

5）结构或构件检测原因的说明。

（2）抽样方法

混凝土构件的混凝土强度可按单个构件或按批量进行检测，其适用范围或构件数量应符合下列规定：

1）单个构件：适用于单个结构或构件的检测；

2）批量检测：适用于混凝土设计强度等级相同；混凝土原材料、配合比、成型工艺、养护条件和龄期相同；构件类型相同；施工阶段所处状态基本相同的构件可视为同批构件。同批构件按批抽样检测时，构件抽样数不应少于同批构件的 30% 且不应少于 10 件，而且抽检数量不得少于国家现行有关标准规定的最少抽检数量。抽检构件时，应随机抽取并使所选构件具有代表性，抽取试样时应严格遵守"随机"的原则。

（3）测区的要求

按单个构件检测时，应在构件上均匀布置测区，每个构件上测区数量不应少于 10 个。对某一方向尺寸不大于 4.5m 且另一方向尺寸不大于 0.3m 的构件，其测区数量可适当减少，但不应少于 5 个。构件的测区布置宜满足下列规定：

1）在条件允许时，测区宜优先布置在构件混凝土浇筑方向的侧面；

2）测区可在构件的两个对应面、相邻面或同一面上布置；

3）测区宜均匀布置，相邻两测区的间距不宜大于 2m；

4）测区应避开钢筋密集区和预埋件；

5）测区尺寸宜为 200mm×200mm；采用平测时宜为 400mm×400mm；

6）测试面应清洁、平整、干燥，不应有接缝、施工缝、饰面层、浮浆和油垢，并应避开蜂窝、麻面部位。必要时，可用砂轮片清除杂物和磨平不平整处，并擦净残留粉尘。

检测时结构或构件的测区应标有清晰的编号，并宜在记录纸上描述测区布置示意图和外观质量情况。对结构或构件的每一测区，应先进行回弹测试，后进行超声测试。计算混凝土抗压强度换算值时，非同一测区内的回弹值和声速值不得混用在条件允许时，测区宜优先布置在构件混凝土浇筑方向的侧面。

(4) 回弹测试和超声测试

检测时，回弹测试与回弹法的测试相同，按本节前文的相关内容进行检测。

超声测试的超声测点应布置在回弹测试的同一测区内，每一测区布置 3 个测点。超声测试宜优先对测或角测，当被测构件不具备对测或角测条件时，可采用单面平测。超声测试时，换能器辐射面应通过耦合剂与混凝土测试面良好耦合。声速测量应精确至 0.1μs，超声测距测量应精确至 1.0mm，且测量误差不应超过±1%，声速计算应精确至 0.01km/s。

(5) 数据处理

回弹数据的处理与回弹法相同，按本节前文的相关内容进行数据处理。超声检测的数据处理方法如下：

1）当在混凝土浇筑方向的侧面对测时，测区混凝土中声速代表值应根据该测区中 3 个测点的混凝土中声速值，按公式（6-30）计算：

$$v=\frac{1}{3}\sum_{i=1}^{3}\frac{l_i}{t_i-t_0} \tag{6-30}$$

式中　v——测区混凝土中声速代表值（km/s）；

　　　l_i——第 i 个测点超声测距（mm），精确至 1mm；

　　　t_i——第 i 个测点混凝土中声时读数（μs），精确至 0.1μs；

　　　t_0——声时初读数（μs）。

当在混凝土浇筑的顶面或底面测试时，测区声速代表值应按公式（6-31）修正：

$$v_a=\beta \cdot v \tag{6-31}$$

式中　v_a——修正后的测区混凝土中声速代表值（km/s）；

　　　β——超声测试面的声速修正系数，在混凝土浇筑的顶面和底面间对测或斜测时，$\beta=1.034$。

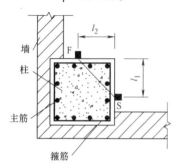

图 6-4　超声波角测示意图
（F 为发射换能器，S 为接收换能器）

2）当结构或构件被测部位只有两个相邻表面可供检测时，可采用角测方法测量混凝土中声速。每个测区布置 3 个测点，换能器布置如图 6-4 所示。

布置超声角测点时，换能器中心与构件边缘的距离 l_1、l_2 不宜小于 200mm。角测时超声测距应按式（6-32）计算：

$$l_i=\sqrt{l_{1i}^2+l_{2i}^2} \tag{6-32}$$

式中　l_i——角测第 i 个测点超声测距（mm），精确至 1mm；

　　　l_{1i}、l_{2i}——角测第 i 个测点换能器与构件边缘的距离（mm）。

角测时，混凝土中声速代表值应按公式（6-33）计算：

$$v = \frac{1}{3} \sum_{i=1}^{3} \frac{l_i}{t_i - t_0}$$

（6-33）

式中　v——角测时混凝土中声速代表值（km/s）；

　　　t_i——角测第 i 个测点混凝土中声时读数（μs），精确至 $0.1\mu s$；

　　　t_0——声时初读数（μs）。

3）当结构或构件被测部位只有一个表面可供检测时，可采用平测方法测量混凝土中声速。每个测区布置 3 个测点，换能器布置如图 6-5 所示。

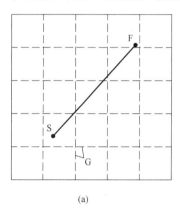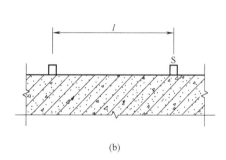

图 6-5　超声波平测示意图

（a）平面图；（b）断面图

F—发射换能器；S—接收换能器；G—钢筋轴线

布置超声平测点时，宜使发射和接收换能器的连接与附近钢筋轴线成 40°～50°，超声测距 l 宜采用 350～450mm。

宜采用同一构件的对测声速 v_d 与平测声速 v_p 之比求得修正系数 λ（$\lambda = v_d/v_p$），对平测声速进行修正。当被测结构或构件不具备对测与平测的对比条件时，宜选取有代表性的部位，以测距 l 等于 200mm、250mm、300mm、350mm、400mm、450mm、500mm，逐点测读相应声时值 t，用回归分析方法求出直线方程 $l = a \pm bt$，以回归系数 b 代替对测声速 v_d。

平测时，修正后的混凝土中声速代表值应按公式（6-34）计算：

$$v_a = \frac{\lambda}{3} \sum_{i=1}^{3} \frac{l_i}{t_i - t_0}$$

（6-34）

式中　v_a——修正后的平测时混凝土中声速代表值（km/s）；

　　　l_i——平测第 i 个测点超声测距（mm），精确至 1mm；

　　　t_i——平测第 i 个测点混凝土中声时读数（μs），精确至 $0.1\mu s$；

　　　λ——平测声速修正系数。

平测声速可采用直线方程 $l = a \pm bt$，根据混凝土浇筑的顶面或底面平测数据求得，修正后的混凝土中声速代表值应按公式（6-35）计算：

$$v = \frac{\lambda \beta}{3} \sum_{i=1}^{3} \frac{l_i}{t_i - t_0}$$

（6-35）

式中　β——超声测试面的声速修正系数，顶面平测 $\beta=1.05$，底面平测 $\beta=0.95$。

（6）混凝土强度推定

1）测区混凝土强度换算值

用超声回弹综合法检测结构或构件混凝土强度时，应在结构或构件上所布置的测区内分别进行超声和回弹测试，用所获得的超声声速值、回弹值及其他参数，按以确定的测强曲线换算得到测区的混凝土抗压强度换算值，换算时应优先采用专用测强曲线或地区测强曲线换算。

2）构件混凝土强度换算值的平均值和标准差

当结构或构件的测区数不少于 10 个时，各测区混凝土抗压强度换算值的平均值和标准差应按公式（6-36）、式（6-37）计算：

$$m_{f_{cu}^c} = \frac{1}{n} \sum_{i=1}^{n} f_{cu,i}^c \tag{6-36}$$

$$s_{f_{cu}^c} = \sqrt{\frac{\sum_{i=1}^{n}(f_{cu,i}^c)^2 - n(m_{f_{cu}^c})^2}{n-1}} \tag{6-37}$$

式中　$f_{cu,i}^c$——结构或构件第 i 测区的混凝土抗压强度换算值（MPa）；

$m_{f_{cu}^c}$——结构或构件测区混凝土抗压强度换算值的平均值（MPa），精确至 0.1MPa；

$s_{f_{cu}^c}$——结构或构件测区混凝土抗压强度换算值的标准差（MPa），精确至 0.01MPa；

n——测区数。对单个检测的构件，取一个构件的测区数；对批量检测的构件，取被抽检构件测区数之总和。

3）同条件试块或钻芯法修正

当结构或构件所采用的材料及其龄期与制定测强曲线所采用的材料及其龄期有较大差异时，应采用同条件立方体试件或从结构或构件测区中钻取的混凝土芯样试件的抗压强度进行修正。试件的数量不应少于 4 个。此时，按测强曲线计算所得的测区混凝土抗压强度换算值应乘以下列的修正系数 η：

① 采用同条件立方体试件修正时

$$\eta = \frac{1}{n} \sum_{i=1}^{n} f_{cu,i}^o / f_{cu,i}^c \tag{6-38}$$

② 采用混凝土芯样试件修正时

$$\eta = \frac{1}{n} \sum_{i=1}^{n} f_{cor,i} / f_{cu,i}^c \tag{6-39}$$

式中　η——修正系数，精确至小数点后两位；

$f_{cu,i}^c$——对应于第 i 个立方体试件或芯样试件的混凝土抗压强度换算值（MPa），精确至 0.1MPa；

$f_{cu,i}^o$——第 i 个混凝土立方体（边长 150mm）试件的抗压强度实测值（MPa），精确至 0.1MPa；

$f_{cor,i}$——第 i 个混凝土芯样（$\phi100 \times 100mm$）试件的抗压强度实测值（MPa），精确至 0.1MPa；

n——试件数。

4）结构或构件的混凝土强度推定值

结构或构件混凝土抗压强度推定值 $f_{cu,e}$，应按下列规定确定：

① 当结构或构件的测区抗压强度换算值中出现小于 10.0MPa 的值时，该构件的混凝土抗压强度推定值 $f_{cu,e}$ 取小于 10MPa；

② 结构或构件中测区数少于 10 个时，应按式（6-40）计算：

$$f_{cu,e} = f^c_{cu,min} \tag{6-40}$$

式中　$f^c_{cu,min}$——构件中的最小的测区混凝土强度计算值。

③ 当结构或构件中测区数不少于 10 个或按批量检测时：

$$f_{cu,e} = m_{f^c_{cu}} - 1.645 S_{f^c_{cu}} \tag{6-41}$$

5）对按批量检测的构件，当一批构件的测区混凝土抗压强度标准差出现下列情况之一时，该批构件应全部重新按单个构件进行检测：

① 一批构件的混凝土抗压强度平均值 $m_{f^c_{cu}} < 25$MPa，标准差 $S_{f^c_{cu}} > 4.50$MPa；

② 一批构件的混凝土抗压强度平均值 $m_{f^c_{cu}} = 25\sim 50$MPa，标准差 $S_{f^c_{cu}} > 5.50$MPa；

③ 一批构件的混凝土抗压强度平均值 $m_{f^c_{cu}} > 50$MPa，标准差 $S_{f^c_{cu}} > 6.50$MPa。

6.1.3　后装拔出法检测混凝土抗压强度

1. 检测原理

拔出法检测是一种微破损检测方法，拔出法分为两类：预埋拔出法和后装拔出法。预埋拔出法适合于混凝土质量的现场控制，例如，决定拆除模板或加置荷载的适当时间，决定吊装、运输构件的适当时间等。预埋拔出法在北欧、北美等许多国家得到了迅速的推广运用。在我国，更多地使用了后装拔出法，1994 年中国工程建设标准化协会颁布了《后装拔出法检测混凝土强度技术规程》（CECS69：94）。后装拔出法检测混凝土强度，是指在硬化的混凝土表面钻孔、磨槽、嵌入锚固件并安装拔出仪进行拔出试验，测出极限拔出力，根据极限拔出力与混凝土强度之间的相关关系推定测区混凝土强度的一种方法。被检测混凝土强度不应低于 10.0MPa。

2. 检测仪器

后装拔出法的试验装置由钻孔机、磨槽机、锚固件和拔出仪等组成。试验装置必须具有制造工厂的产品合格证，拔出仪的计量仪表必须具有计量单位的校准合格证。

(1) 拔出仪

1）拔出仪的技术要求

圆环式拔出试验装置的反力支承内径 $d_3 = 55$mm，胀簧锚固台阶外径 $d_2 = 25$mm，锚固件的锚固深度 $h = 25$mm，钻孔直径 $d_1 = 18$mm（图 6-6）。

采用三点式支承时，其反力支承内径 $d_3 = 120$mm，胀簧锚固台阶外径 $d_2 = 25$mm，锚固件的锚固深度 $h = 35$mm，钻孔直径 $d_1 = 22$mm（图 6-7）。

圆环支承式拔出试验装置，宜用于粗骨料最大粒径不大于 40mm 的混凝土，三点支承式拔出试验装置宜用于粗骨料粒径不大于 60mm 的混凝土。

拔出仪一般由加荷装置、测力装置及反力支承三部分组成，拔出仪的加载装置一般采用油压系统，由手动式油泵的油压使油缸的活塞产生很大的拔出力；测力显示装置可采用

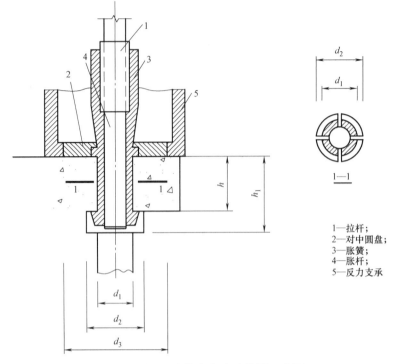

图 6-6　圆环式拔出仪试验装置示意图

1—拉杆；
2—对中圆盘；
3—胀簧；
4—胀杆；
5—反力支承

数显式或指针式；拔出仪的反力支承有上述的圆环式和三点式两种。拔出仪应具备以下技术性能：

① 额定拔出力大于测试范围内的最大拔出力；

② 工作行程对于圆环支承式拔出试验装置不小于 4mm，对于三点式拔出试验装置不小于 6mm；

③ 允许示值误差为仪器额定拔出力的 ±2%；

④ 测力装置宜具有峰值保持功能。

2）拔出仪的检定

拔出仪应每年至少标定一次，如遇下列情况之一时应重新标定：

① 更换液压油后；

② 更换测力装置后；

③ 经维修后；

④ 拔出仪出现异常时。

(2) 其他测试装置

1）钻孔机

钻孔机可采用金刚石薄壁空心钻或冲击电锤。金刚石薄壁空心钻应有冷却水装置。钻孔机宜有控制垂直度和深度的装置。

2）磨槽机

磨槽机由电钻、金刚石磨头、定位圆盘及冷却水装置组成。为保证胀簧锚固台阶外径 $d_2=25$mm，应经常检查金刚石磨头的外径，及时更换磨头。

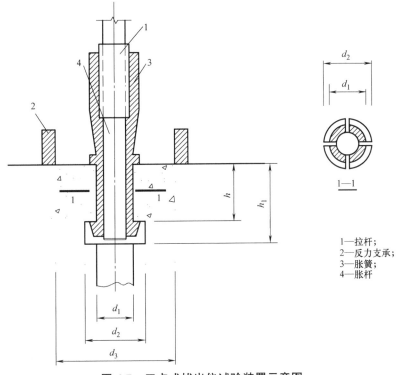

1—拉杆；
2—反力支承；
3—胀簧；
4—胀杆

图 6-7　三点式拔出仪试验装置示意图

3）锚固件

锚固件由胀簧和胀杆组成，胀簧锚固台阶宽度 $b=3.5\text{mm}$。

3. 测强曲线

（1）选择试验设备

在建立测强曲线时必须选择检测方法规范所规定的、各项性能指标均符合要求的仪器和设备，且这些仪器和设备需经过检定单位检定并处于检定有效期内。

（2）试块的制作和养护

制作试块时混凝土用水泥应符合现行国家标准《硅酸盐水泥、普通硅酸盐水泥》GB 175 的要求，混凝土用砂、石应符合现行行业标准《普通混凝土用砂、石质量及检验方法标准》JGJ 52 的要求。

建立测强曲线试验用混凝土不宜少于 6 个强度等级，每一强度等级混凝土试块不应少于 6 组，每组由一个至少可布置 3 个测点的拔出试件和 3 个立方形试块组成，试件的制作同本节前文相关内容。每组拔出试件和立方体试块，应采用同一盘混凝土均匀装模振动成型，同条件自然养护。

（3）试块的测试

到达测试龄期的试块，应先整理试件，将被测试件四个浇筑侧面的尘土、污物等擦拭干净。立方体试块的测试按本节前文的相关内容进行测试。拔出试验应按下列规定进行：

1）拔出试验的测点应布置在试件混凝土成型的侧面；

2）在每一拔出试件上，应进行不少于 3 个测点的拔出试验，取平均值为该试件的拔

出力计算值 F(kN)，精确至 0.1N。

(4) 测强曲线的建立

当所有检测龄期的试块全部测试完成后，将每组试件的拔出力计算值及立方体试块的抗压强度代表值汇总按最小二乘法原理进行回归分析，推荐采用的回归方程如下：

$$f_{cu}^c = A \cdot F + B \qquad (6\text{-}42)$$

式中　f_{cu}^c——混凝土强度换算值（MPa），精确至 0.1MPa；

　　　　F——拔出力（kN），精确至 0.1kN；

A、B——测强公式回归系数。

回归方程的相对标准差 e_r 按下式计算：

$$e_r = \sqrt{\frac{\sum_{i=1}^{n}\left(\dfrac{f_{cu,i}}{f_{cu,i}^c}-1\right)^2}{n}} \times 100\% \qquad (6\text{-}43)$$

式中　e_r——相对标准差；

　　　$f_{cu,i}$——第 i 个立方体试件的抗压强度实测值（MPa）；

　　　$f_{cu,i}^c$——第 i 个拔出试件的拔出力计算值 F_i 按式（6-42）计算的混凝土强度换算值（MPa），精确至 0.1MPa。

经上述计算，回归方程式的标准差满足测强曲线标准差 $e_r \leqslant 12\%$，报当地主管部门审定后实施。曲线的运用应按照本节的有关要求，不得外延，以保证测试结果的准确性。

4. 检测技术要点

(1) 检测准备

需进行后装拔出法测试的结构或构件，在检测前，需收集的必要资料如下：

1) 工程名称、设计单位、施工单位；

2) 构件名称、数量及混凝土类型、强度等级；

3) 水泥的品种、强度等级和用量，砂石的品种、粒径，外加剂或掺合料的品种、掺量和混凝土配合比等；

4) 模板类型，混凝土浇筑、养护情况和成型日期；

5) 结构或构件存在的质量问题等。

(2) 抽样方法

混凝土构件的混凝土强度可按单个构件或按批量进行检测，其适用范围或构件数量应符合下列规定：

1) 单个构件：适用于单个结构或构件的检测；

2) 批量检测：适用于混凝土设计强度等级相同；混凝土原材料、配合比、成型工艺、养护条件和龄期相同；构件类型相同；施工阶段所处状态基本相同的构件可视为同批构件。同批构件按批抽样检测时，抽检构件时，应随机抽取并使所选构件具有代表性，抽取试样时应严格遵守"随机"的原则。

(3) 测点的布置

按单个构件检测时，应在构件上均匀布置 3 个测点。当 3 个拔出力的最大拔出力和最小拔出力与中间值之差均小于中间值的 15% 时，仅布置 3 个测点即可；当 3 个拔出力的最大拔出力和最小拔出力与中间值之差均大于中间值的 15%（包括两者均大于中间值的 15%）时，应在最小拔出力测点附近再加测个测点。

当同批构件按批抽样检测时，抽检数量应不少于同批构件总数的 30%，且不少于 10 件，每个构件不应少于 3 个测点。

测点宜布置在构件混凝土成型的侧面，如现场不具备条件，可布置在混凝土成型的表面或底面。在构件的受力较大及薄弱部位应布置测点，相邻两测点的间距不应小于 $10h$，测点距构件边缘不应小于 $4h$（h 为锚固件的锚固深度）。

测点应避开接缝、蜂窝、麻面部位和混凝土表层的钢筋预埋件。测试面应平整、清洁、干燥，对饰面层浮浆等应予清除，必要时进行磨平处理。结构或构件的测点应标有编号并应描绘测点布置的示意图。

（4）钻孔与磨槽

钻孔时，钻孔与混凝土表面应相互垂直，垂直度偏差不大于 3°。在混凝土孔壁磨环形槽时，磨槽机的定位圆盘应始终紧靠混凝土表面，环形槽是拉拔时的主要着力点，应力求槽面平整，槽深为 3.6～4.5mm，钻孔直径 d_1 应比 3.1.2 条的要求大 0.1mm，且不宜大于 1.0mm。锚固深度 h 应满足 3.1.2 条的要求，允许偏差为 ±0.8mm。钻孔深度 h_1 应比锚固深度 h 深 20～30mm。

（5）拔出试验

拔出试验应按下列要求进行操作：

1）将胀簧插入成型孔内，通过胀杆使胀簧锚固台阶完全嵌入环形槽内，保证锚固可靠。

2）拔出仪与锚固件用拉杆连接对中并与混凝土表面垂直，施加拔出力应连续均匀其速度控制在 0.5～1.0kN/s。

3）施加拔出力至混凝土开裂破坏，测力显示器读数不再增加为止，记录极限拔出力值精确至 0.1kN。

4）对结构或构件进行检测时应采取有效措施，防止拔出仪及机具脱落摔坏或伤人。

5）当拔出试验出现异常时，应作详细记录，并将该值舍弃，在其附近补测一个测点。

6）拔出试验后，应对拔出试验造成的混凝土破损部位进行修补。

5. 数据处理

用拔出法检测混凝土强度时，混凝土强度换算值应按式（6-42）计算。当被测结构所用混凝土的材料与制定测强曲线所用材料有较大差异时，可在被测结构上钻取混凝土芯样根据芯样强度对混凝土强度换算值进行修正，芯样数量应不少于 3 个，在每个钻取芯样附近做 3 个测点的拔出试验，取 3 个拔出力的平均值代入式（6-42）计算每个芯样对应的混凝土强度换算值，计算所得的测区混凝土抗压强度换算值应乘以下列的修正系数 η，修正系数 η 可按式（6-44）计算：

$$\eta = \frac{1}{n} \sum_{i=1}^{n} f_{cor,i} / f_{cu,i}^{c} \tag{6-44}$$

式中　η——修正系数，精确至小数点后两位；

$f_{cu,i}^{c}$——第 i 个混凝土立方体（边长 150mm）试件的抗压强度实测值（MPa），精确至 0.1MPa；

$f_{cor,i}$——第 i 个混凝土芯样（$\phi 100 \times 100$mm）试件的抗压强度实测值（MPa），精确至 0.1MPa；

n——试件数。

6. 混凝土强度推定

（1）单个构件的混凝土强度推定

单个构件的拔出力计算值，应按下列规定取值：

1）当构件的 3 个拔出力的最大和最小值与中间值之差均小于中间值的 15% 时，取最小值作为该构件的拔出力计算值；

2）当加测时，取加测的 2 个拔出力和最小拔出力值一起取平均值，再与前一次的拔出力中间值比较，取较小值作为该构件的拔出力计算值。

将单个构件的拔出力计算值代入式（6-42）计算出混凝土强度换算值 f_{cu}^{c}〔或按式（6-44）得到的修正系数进行修正〕，作为单个构件混凝土强度推定值 $f_{cu,e}$。

$$f_{cu,e} = f_{cu}^{c} \tag{6-45}$$

（2）按批检测的混凝土强度推定

将同批构件抽样检测的每个拔出力值代入式（6-42）计算出混凝土强度换算值 f_{cu}^{c}〔或按式（6-44）得到的修正系数进行修正〕。批抽检构件的混凝土强度换算值的平均值 $m_{f_{cu}^{c}}$ 按式（6-46）进行计算：

$$m_{f_{cu}^{c}} = \frac{\sum_{i=1}^{m} f_{cu,i}^{c}}{n} \tag{6-46}$$

式中 $m_{f_{cu}^{c}}$——批抽检构件混凝土强度换算值的平均值，精确至 0.1MPa；

$f_{cu,i}^{c}$——结构或构件第 i 个测点混凝土抗压强度换算值，精确至 0.1MPa；

n——批抽检构件的测点总数。

批抽检构件混凝土强度换算值的标准差 $S_{f_{cu}^{c}}$ 按式（6-47）计算：

$$S_{f_{cu}^{c}} = \sqrt{\frac{\sum_{i=1}^{n} (f_{cu,i}^{c})^2 - n(m_{f_{cu}^{c}})^2}{n-1}} \tag{6-47}$$

式中 $S_{f_{cu}^{c}}$——批抽检构件混凝土强度换算值的标准差，精确至 0.1MPa；

批抽检构件混凝土强度的推定值 $f_{cu,e}$ 按式（6-48）、式（6-49）、式（6-50）计算：

$$f_{cu,e1} = m_{f_{cu}^{c}} - 1.645 S_{f_{cu}^{c}} \tag{6-48}$$

$$f_{cu,e2} = m_{f_{cu}^{c},min} = \frac{1}{m} \sum_{j=1}^{m} f_{cu,min,j}^{c} \tag{6-49}$$

$$f_{cu,e} = \max(f_{cu,e1}, f_{cu,e2}) \tag{6-50}$$

式中 $m_{f_{cu}^{c},min}$——批抽检构件混凝土强度换算值中最小值的平均值，精确至 0.1MPa；

$f_{cu,min,j}^{c}$——第 j 个构件混凝土强度换算值中的最小值，精确至 0.1MPa；

m——批抽检的构件数。

对于按批抽样检测的构件，当全部测点的强度标准差出现下列情况时，则该批构件应全部按单个构件检测：

① 一批构件的混凝土抗压强度平均值 $m_{f^c_{cu}} \leqslant 25$MPa，标准差 $S_{f^c_{cu}} > 4.50$MPa；

② 一批构件的混凝土抗压强度平均值 $m_{f^c_{cu}} > 25$MPa，标准差 $S_{f^c_{cu}} > 5.50$MPa。

6.1.4　钻芯法检测混凝土强度

1. 检测原理

钻芯法是利用专用钻机，从结构的混凝土中钻取规定直径（100mm）的标准芯样进行试压，以测定结构混凝土强度的试验方法。钻芯法检测是一种直观、可靠和准确的方法，但对结构混凝土会造成局部损伤，是一种半破损的现场检测手段。中国工程建设标准化协会已批准发行了《钻芯法检测混凝土强度技术规程》（CECS 03：2007），这一方法已在结构混凝土的质量检测中得到了普遍的运用。此外，钻芯法还可用于检测混凝土结构的裂缝、接缝、分层、孔洞等缺陷。采用钻芯法检测结构的混凝土强度不应大于 80MPa。

2. 检测仪器

(1) 检测仪器的技术要求

为满足混凝土测试的需要，用于混凝土钻芯检测的仪器应满足下列要求：

1）钻取芯样及芯样加工的主要设备仪器均应具有产品合格证，钻芯机应具有足够的刚度，宜采用轻型钻芯机，钻芯机应操作灵活、固定和移动方便，并应有水冷系统。钻芯机主轴的径向跳动不应超过 0.1mm，工作时噪声不应大于 90dB；

2）钻取芯样时宜采用内径 70～100mm 的金刚石薄壁钻头，空心薄壁钻头由钢体和胎环两部分组成，钢体一般由无缝钢管车制而成，钻头的胎环是由钢系、青铜系、钨系等冶金粉和含 20%～40% 的人造金刚石浇筑成型，胎环的高度为 10mm，金刚石层的浇筑高度只有 5mm，为了冷却和排屑畅通，在胎环上开有数个排水槽，胎环与钢体之间的连接可以采用热压冷压浸渍、无压浸渍、低温电铸或高频焊接等方法。钻头筒体不得有肉眼可见的裂缝、缺边、少角、倾斜及喇叭口变形；

3）钻切芯样用的锯切机，应具有冷却系统和牢固夹紧芯样的装置；配套使用的人造金刚石圆锯片应有足够的刚度；

4）芯样宜采用补平装置（或研磨机）进行端面加工。补平装置除保证芯样的端面平整外，尚应保证端面与轴线垂直。

(2) 钻芯机的维护与保养

钻芯机的常规维护保养方法如下：

1）检查各联结部位，及时调整紧固；

2）钻芯完毕后应将钻机各部位擦拭干净并加润滑油给活动机构，将设备置于干燥处并宜加防尘罩；

3）长期停止工作的钻机在重新启用时，需测试电机绕组与机壳间的绝缘电阻，其数值不应小于 5MΩ；

4）钻头刃口磨损和崩裂严重时应及时更换钻头；

5）定期检测电源线插头、开关、碳刷、换向器；

6）定期检查变速箱，及时补充润滑油。

3. 检测技术要点

（1）检测准备

需进行钻芯法测试的结构或构件，在检测前，需收集的必要资料如下：

1）工程名称、设计单位、施工单位名称；

2）结构或构件种类、外形尺寸及数量；

3）设计混凝土强度等级；

4）检测龄期，原材料（水泥品种、粗骨料粒径等）和抗压强度试验报告；

5）结构或构件存在的质量状况和施工中存在问题的记录；

6）有关的结构设计施工图等。

（2）取样方法

采用钻芯法检测混凝土强度时，从结构中钻取的混凝土芯样应加工成符合规定的芯样试件，芯样试件宜使用直径为100mm的标准芯样试件，其公称直径不宜小于骨料最大粒径的3倍；也可采用小直径芯样试件，但其公称直径不应小于70mm且不得小于骨料最大粒径的2倍。

钻芯法可用于确定检测批或单个构件的混凝土强度推定值。

钻芯确定单个构件的混凝土强度推定值时，有效芯样试件的数量不应少于3个；对于较小构件，有效芯样试件的数量不得少于2个。

钻芯法确定检测批的混凝土强度推定值时，取样应遵守下列要求：

1）当采用钻芯法确定检测批的混凝土抗压强度推定值时，芯样试件的数量应根据检测批的容量确定。标准芯样试件的最小样本量不宜小于15个，小直径芯样试件的最小样本量应适当增加；

2）当采用钻芯法确定检测批的混凝土劈裂抗拉强度推定值时，芯样试件的数量应根据检测批的容量确定，芯样试件的最小样本容量不应小于10个；

3）芯样应从检测批的结构构件中随机抽取，每个芯样应取自一个构件或结构的局部部位，且取芯位置应在下列部位钻取：

① 结构或构件的受力较小的部位；

② 混凝土强度具有代表性的部位；

③ 便于钻芯机安放与操作的部位；

④ 避开主筋、预埋件和管线的位置。

（3）芯样的钻取

钻芯机就位并安放平稳后，应将钻芯机固定，以保证钻芯作业时不致产生位置偏移。固定的方法应根据钻芯机构造和现场的具体情况确定，可采用顶杆支撑或膨胀螺栓进行固定。采用三相电机的钻芯机在未安装钻头之前，应先通电检查主轴旋转方向。当主轴的旋转方向正确时方可安装钻头。钻芯机的主轴旋转轴线应调整到与被钻取芯样的混凝土表面相垂直。

钻芯机就位后，接通水源、电源，拨动变速钮调整到所需转速。正向转动操作手柄使钻头慢慢接触混凝土表面，待钻头刃部入槽稳定后方可加压。钻进到预定深度后，反响转动操作手柄，将钻头提升至接近混凝土表面，然后切断电源、水源。

钻芯时用于冷却钻头和排屑的冷却水流量宜为3～5L/s。钻取芯样时应控制进钻的速度。

　　从钻孔中取出的芯样在稍微晾干后，应进行标记，标记应清晰。当所取芯样高度和质量不能满足要求时，则应重新钻取芯样。芯样在运输和贮存中应采取妥善的措施防止芯样损坏。

　　工作完毕后，应及时对钻芯机和芯样加工设备进行维护保养。对钻芯后留下的孔洞应及时修补。

　　钻芯操作应遵守国家有关安全生产和劳动保护的规定，并应遵守钻芯现场安全生产的有关规定。

　　(4) 芯样的加工

　　1) 抗压芯样试件的高度与直径之比（H/d）宜为 1.00。芯样试件内不宜含有钢筋，当无法满足此项要求时，抗压试件应符合下列要求：

　　① 标准芯样试件，每个试件内最多只允许有 2 根直径不小于 10mm 的钢筋；

　　② 公称直径小于 100mm 的芯样试件，每个试件内最多只允许有 1 根直径小于 10mm 的钢筋；

　　③ 芯样内的钢筋应与芯样试件的轴线基本垂直并离开端面 10mm 以上。

　　2) 锯切后的芯样试件应进行端面处理，宜采取在磨平机上磨平端面的处理方法。承受轴向压力芯样试件的端面，也可采取下列处理方法：

　　① 用环氧胶泥或聚合物水泥砂浆补平；

　　② 抗压强度低于 40MPa 的芯样试件，可采用水泥砂浆、水泥净浆或聚合物水泥砂浆补平，补平层厚度不宜大于 5mm；也可采用硫黄胶泥补平，补平厚度不宜大于 1.5mm。

　　(5) 芯样试件的尺寸量测

　　1) 在试验前应按下列规定测量芯样试件的尺寸：

　　① 平均直径用游标卡尺在芯样试件中部相互垂直的两个位置上测量，取测量的算术平均值作为芯样试件的直径，精确至 0.5mm；

　　② 芯样试件高度用钢卷尺或钢板尺进行测量，精确至 1mm；

　　③ 垂直度用游标量角器测量芯样试件两个端面与母线的夹角，精确至 0.1°；

　　④ 平整度用钢板尺或角尺紧靠在芯样试件端面上，一面转动钢板尺，一面用塞尺测量钢板尺与芯样试件端面之间的缝隙。也可用其他专用设备量测。

　　2) 芯样试件尺寸偏差及外观质量超过下列数值时，相应的测试数据无效：

　　① 芯样试件的实际高径比（H/d）小于要求高径比的 0.95 或大于 1.05；

　　② 沿芯样试件高度的任一直径与平均直径相差大于 2mm；

　　③ 抗压芯样试件端面的不平整度在 100mm 长度内大于 0.1mm；

　　④ 芯样试件端面与轴线的不垂直度大于 1°；

　　⑤ 芯样有裂缝或其他较大缺陷。

　　(6) 芯样试件的抗压强度试验

　　芯样试件应在自然干燥状态下进行抗压试验。当结构工作条件比较潮湿是，需要确定潮湿状态下混凝土的强度时，芯样试件宜在（20±5）℃的清水中浸泡 40～48h，从水中取出后立即进行试验。

　　芯样试件抗压试验的操作应符合现行国家标准《普通混凝土力学性能试验方法标准》GB/T 50081 中对立方体试块抗压试验的规定。

　　芯样试件的混凝土抗压强度值可按下式计算：

$$f_{cu,cor} = F_c / A \tag{6-51}$$

式中 $f_{cu,cor}$——芯样试件的混凝土强度抗压强度值（MPa）；

       F_c——芯样试件的抗压试验测得的最大压力（N）；

       A——芯样试件抗压截面面积（mm²）。

（7）芯样试件的劈裂抗拉强度试验

芯样试件应在自然干燥状态下进行抗压试验。当结构工作条件比较潮湿是，需要确定潮湿状态下混凝土的强度时，芯样试件宜在20±5℃的清水中浸泡40～48h，从水中取出后立即进行试验。

芯样试件劈裂抗拉强度试验的操作应符合现行国家标准《普通混凝土力学性能试验方法标准》GB/T 50081 中对圆柱体试件劈裂抗拉试验的规定。

单个芯样试件的混凝土劈裂抗拉强度值可按下式计算：

$$f_{t,cor} = 0.637 \beta_t F_t / A_t \tag{6-52}$$

式中 $f_{t,cor}$——芯样试件劈裂抗拉强度值（MPa），精确至0.1MPa；

       F_t——芯样试件劈裂抗拉试验的破坏荷载（N）；

       A_t——芯样试件劈裂面积（mm²）；

       β_t——芯样试件强度换算系数（mm²），取0.95。

（注：当有可靠经验时，芯样试件强度换算系数 β_t 也可根据混凝土原材料和施工工艺情况通过试验确定）

4. 混凝土强度推定

（1）混凝土抗压强度推定

单个构件的混凝土强度推定值按有效芯样试件混凝土抗压强度值中的最小值确定。

检测批的混凝土强度推定值应计算推定区间，推定区间的上限值和下限值按下列公式计算：

上限值 $f_{cu,e1} = f_{cu,cor,m} - k_1 S_{cor}$ (6-53)

下限值 $f_{cu,e2} = f_{cu,cor,m} - k_2 S_{cor}$ (6-54)

平均值
$$f_{cu,cor,m} = \frac{\sum_{i=1}^{n} f_{cu,cor,i}}{n} \tag{6-55}$$

标准差
$$S_{cor} = \sqrt{\frac{\sum_{i=1}^{n} (f_{cu,cor,i} - f_{cu,cor,m})^2}{n-1}} \tag{6-56}$$

式中 $f_{cu,cor,m}$——芯样试件的混凝土抗压强度平均值（MPa），精确至0.1MPa；

      $f_{cu,cor,i}$——第 i 个试件的混凝土抗压强度值（MPa），精确至0.1MPa；

       $f_{cu,e1}$——混凝土抗压强度推定上限值（MPa），精确至0.1MPa；

       $f_{cu,e2}$——混凝土抗压强度推定下限值（MPa），精确至0.1MPa；

     k_1、k_2——推定区间上限值系数和下限值系数，按（表6-3）查得；

       S_{cor}——芯样试件抗压强度样本的标准差（MPa），精确至0.1MPa；

         n——试件数。

（2）混凝土劈裂抗拉强度推定

钻芯法确定单个构件的混凝土劈裂抗拉强度推定值时，单个构件的混凝土劈裂抗拉强度推定值不再进行数据的舍弃，而应按芯样试件混凝土劈裂抗拉强度值中的最小值确定。

检测批的混凝土劈裂抗拉强度推定值应计算推定区间，推定区间的上限值和下限值应按下列公式计算：

上限值 $\qquad f_{cu,e1} = f_{c,cor,m} - k_1 s_c$ $\qquad$ (6-57)

下限值 $\qquad f_{cu,e2} = f_{c,cor,m} - k_2 s_c$ $\qquad$ (6-58)

平均值 $\qquad f_{cu,e1} = f_{cu,cor,m} - k_1 s_{cor}$

$$f_{cu,e2} = f_{cu,cor,m} - k_2 s_{cor}$$

$$f_{cu,cor,m} = \frac{\sum\limits_{i=1}^{n} f_{cu,cor,i}}{n} \qquad (6-59)$$

标准差 $\qquad s_t = \sqrt{\dfrac{\sum\limits_{i=1}^{n}(f_{cu,cor,i} - f_{cu,cor,m})^2}{n-1}} \qquad$ (6-60)

式中：$f_{cu,cor,m}$——芯样试件的混凝土抗压强度平均值（MPa），精确至 0.1MPa；

$\qquad f_{cu,cor,i}$——第 i 个试件的混凝土抗压强度值（MPa），精确至 0.1MPa；

$\qquad f_{cu,e1}$——混凝土抗压强度推定上限值（MPa），精确至 0.1MPa；

$\qquad f_{cu,e2}$——混凝土抗压强度推定下限值（MPa），精确至 0.1MPa；

$\qquad k_1$、k_2——推定区间上限值系数和下限值系数，按表 6-3 查得；

$\qquad s_{cor}$——芯样试件抗压强度样本的标准差（MPa），精确至 0.1MPa；

$\qquad n$——试件数。

上、下限值系数　　　　　　　　　　表 6-3

试件数 n	k_1(0.10)	k_2(0.02)	试件数 n	k_1(0.10)	k_2(0.02)
15	1.222	2.566	37	1.360	2.149
16	1.234	2.524	38	1.363	2.141
17	1.244	2.486	39	1.366	2.133
18	1.254	4.453	40	1.369	2.125
19	1.263	2.423	41	1.372	2.118
20	1.271	2.396	42	1.375	2.111
21	1.279	2.371	43	1.378	2.105
22	1.286	2.349	44	1.381	2.098
23	1.293	2.328	45	1.383	2.092
24	1.300	2.309	46	1.386	2.086
25	1.306	2.292	47	1.389	2.081
26	1.311	2.275	48	1.391	2.075
27	1.317	2.260	49	1.393	2.070
28	1.322	2.246	50	1.396	2.065
29	1.327	2.232	60	1.415	2.022
30	1.332	2.220	70	1.431	1.990
31	1.336	2.208	80	1.444	1.964
32	1.341	2.198	90	1.454	1.944
33	1.345	2.186	100	1.463	1.927
34	1.349	2.176	110	1.471	1.912
35	1.352	2.167	120	1.478	1.899
36	1.356	2.158	—	—	—

注：表中所列为置信度 0.85 条件下，试件数与上限值系数、下限值系数的关系。

6.2　混凝土构件内部缺陷检测

混凝土缺陷是指混凝土结构内部存在空洞、疏松、夹渣，或由于工艺违章、配料错误等原因造成低强度区，严重的分层离析造成组织构造不均匀，使用过程中产生的裂缝，由于混凝土冻害、火烧、化学侵蚀的损坏层等。混凝土缺陷不同程度地削弱了结构的整体性、力学性能和耐久性。

混凝土内部缺陷检测可采用超声法、电磁波反射法（雷达仪法）、冲击回波法、声发射技术、红外线检测技术等非破损检测方法。对于判别困难的区域应进行钻芯验证或剔凿验证。

6.2.1　超声法检测混凝土缺陷

1. 检测原理

采用超声法检测结构混凝土缺陷是利用超声波在技术条件相同（混凝土的原材料、配合比、龄期和测试距离一致）的混凝土中的传播速度、接收波的振幅和频率等声学参数相对变化，来判定混凝土内部缺陷的方法。

超声波在混凝土中的传播速度与混凝土的密实程度有直接得关系，对于技术条件相同的混凝土来说，声速高则混凝土密实，反之则混凝土不密实。当混凝土内部存在空洞或裂缝时，超声脉冲波只能绕过空洞和裂缝传播到接收换能器，传播的路径增大，也反映为声时偏长和声速的降低。另一方面，由于空气中的声阻抗率远小于混凝土的声阻抗率，超声波在混凝土中传播时遇到混凝土内部空洞、裂缝时，在缺陷界面处发生反射和散射，声能衰弱，其中频率较高的成分衰减更快，表现为接收信号的波幅明显降低，频率明显减小或频谱中高频成分明显减少。再者经缺陷反射或绕过缺陷传播的脉冲信号与直达波信号之间存在声程和相位差，两者叠加之后会相互干扰，导致接收信号的波形发生畸变。

根据上述原理，采用带有波形显示功能的超声波检测仪，测量超声脉冲波在混凝土中的传播速度（简称声速）、首波波幅（简称波幅）和接收信号主频率（简称主频）等声学参数的测量值和相对变化综合分析，判别混凝土中缺陷的位置和范围，或者估算缺陷的尺寸。

混凝土是一种典型的非均质材料。混凝土材料组织构造难免具有一定的随机，按生产技术和管理水平、运用和经济效果权衡，混凝土结构中存在一定范围的强度波动，混凝土组织中存在的小气孔和细微缺陷是不可避免的。超声法检测混凝土内部质量缺陷是不包括这些不连续、单独的细微缺陷的。超声法检测的混凝土缺陷指的是对混凝土内部空洞和不密实区域的位置和范围、裂缝深度、表面损伤厚度、不同时间浇筑的混凝土结合面质量等进行检测。

2. 检测设备

混凝土缺陷的超声波检测系统主要由辐射换能器、接收换能器、脉冲发生器、扫描发生器、示波器组成。发射的电声换能器将来自脉冲发生器的触发电信号转换成机械振荡的低频超声波，通过声耦合层进入混凝土构件，接收的电声换能器则将传来的超声纵波转换为电脉冲信号,经放大后在示波屏上显示出接收信号的波形。示波屏上发射脉冲至信号首波起始点的时间标度即为超声脉冲波在试件中的传播时间,首波的幅度高低与被测材料的密实度、材料性质和穿透的距离有密切的关系。

(1) 超声波检测仪的技术要求

1) 用于混凝土的超声波检测仪可分为模拟式和数字式两种,模拟式超声波检测仪接收的信号为连续模拟量,可由时域波形信号测读声学参数;数字式超声波检测仪接收信号转化为离散数字值,具有采集、储存数字信号、测读声学参数和对数字信号处理的智能化功能。

2) 超声波检测仪应符合国家现行有关标准的要求,并在法定计量检定有效期内使用。

3) 超声波检测仪,除本节前文所述超声回弹综合法检测混凝土强度中超声检测仪的一般要求外,尚应具备下列条件:

① 具有波形清晰、显示稳定的示波装置;

② 声时最小分度值为 0.1μs;

③ 具有最小分度为 1dB 的衰减系统;

④ 接收放大器频响范围 10~500kHz,总增益不小于 80dB,接收灵敏度(在信噪比为 3∶1 时)不大于 50μV;

⑤ 电源电压波动范围在标称值±10%的情况下能正常工作。

4) 对于模拟式超声检测仪还应满足下列条件:

① 具有手动游标和自动整形两种声时读数功能;

② 具有显示稳定,声时调节在 20~30μs 范围,连续 1h,数字式变化不大于±0.2μs。

5) 对于数字式超声波检测仪还应满足下列要求:

① 具有手动游标测读和自动测读方式。当自动测读时,在同一测试条件下,1h 内每隔 5min 测读一次声时的差异不大于±2 个采样点;

② 波形显示幅度分辨率应不低于 1/256,并具有可显示、存储和输出打印数字化波形的功能,波形最大储存长度不宜小于 4k bytes;

③ 自动测读方式下,在显示的波形上应有光标指示声时、波幅的测读位置;

④ 宜具有幅度谱分析功能(FFT)功能。

(2) 换能器的技术要求

1) 常用换能器具有厚度振动方式和径向振动方式两种类型,可根据不同测试需要选用;

2) 厚度振动式换能器的频率宜采用 20~250kHz。径向振动式换能器的频率宜采用 20~60kHz,直径不宜大于 32mm。当接收信号较弱时,宜选用带前置放大器的接收换能器;

3) 换能器的实测主频与标称频率相差不大于±10%。对用于水中的换能器,其水密性应在 1MPa 水压下不渗漏。

(3) 超声波检测仪的检定

超声仪声时计量检验应按"时—距"法测量,方法详见本节前文内容。超声仪波幅计量检验,可将屏幕显示的首波波幅调至一定高度,然后把仪器衰减系统的衰减量增加或减少 6dB，此时屏幕波幅高度应降低一半或升高一倍。

3. 检测一般规定

（1）检测前应取得下列有关资料：

1）工程名称，建设单位、施工单位、监理单位的名称；

2）检测的目的与要求；

3）混凝土原材料品种和规格；

4）混凝土浇筑和养护情况；

5）构件外观质量及存在的问题。

（2）依据检测要求和测试操作条件，确定缺陷测试的部位（检测测位）。

（3）测位混凝土表面应清洁、平整，必要时可用砂轮磨平或用高强度的快凝砂浆抹平。抹平砂浆必须与混凝土粘结良好。

（4）在满足首波波幅测试精度的条件下，应选用较高频率的换能器。

（5）换能器应通过耦合剂与混凝土测试表面保持紧密结合，耦合层不得夹杂泥砂或空气。

（6）检测时应避免声传播路径与附近钢筋轴线平行，如无法避免，应使两个换能器连线与该钢筋的最短距离不小于测距的 1/6。

（7）检测中出现可疑数据时应及时查找原因，必要时进行复测校核或加密测点补测。

4. 声学参数测量

（1）模拟式超声检测仪测量操作方法

1）检测之前应根据测距大小将仪器的发射电压调到某一档，并以扫描基线不产生明显噪音干扰为前提，将仪器"增益"调至较大位置保持不动。

2）声时测量

应将发射换能器（简称 T 换能器）和接收换能器（简称 R 换能器）分别耦合在测位的对应测点上。当首波幅度过低时可用"衰减器"调节至便于测读，再调节游标脉冲或扫描延时，使首波前沿基线弯曲的起始点对准游标脉冲前沿，读取声时值 t_i（读至 0.1μs）。

3）波幅测量

应在保持换能器良好耦合状态下采用下列两种方法之一进行读取：

① 刻度法：将衰减器固定在某一衰减位置，在仪器荧光屏上读取首波幅度的格数。

② 衰减值法：采用衰减器将首波调至一定高度，读取衰减器上的 dB 值。

4）主频测量

应先将游标脉冲调至首波前半个周期的波谷（或波峰），读取声时值 $t_1(\mu s)$，再将游标脉冲调至相邻的波谷（或波峰），读取声时值 $t_2(\mu s)$，按下式计算出该点（第 i 点）第一个周期波的主频 f_i（精确至 0.1kHz）。

$$f_i = 1000/(t_2 - t_1) \tag{6-61}$$

5）在进行声学参数测量的同时，应注意观察接收信号的波形或包络线的形状，必要时进行描绘或拍照。

（2）数字式超声检测仪测量操作方法

1）检测之前根据测距大小和混凝土外观质量情况，将仪器的发射电压、采样频率等参数设置在某一档并保持不变。换能器与混凝土测试表面始终保持良好的耦合状态；

2）声学参数自动测读

停止采样后即可自动读取声时、波幅、主频值。当声时自动测读光标所对应的位置与周波前沿基线弯曲的起始点有差异或者波幅自动测读光标所对应的位置与首波峰顶（或谷底）有差异时，应重新采样或改为手动游标读数；

3）声学参数手动测量：先将仪器设置为手动判读状态，停止采样后调节手动声时游标至首波前沿基线弯曲的起始位置，同时调节幅度游标使其与首波波峰顶（或谷底）相切，读取声时和波幅值；再将声时光标分别调至首波及其相邻波的波谷（或波峰），读取声时差值 Δt（μs），取 $1000/\Delta t$ 即为首波的主频（kHz）；

4）对于有分析价值的波形，应予以存储。

(3) 混凝土声时值计算

混凝土声时值按式（6-62）计算：

$$t_{ci} = t_i - t_0 \quad \text{或} \quad t_{ci} = t_i - t_{oo} \tag{6-62}$$

式中　t_{ci}——第 i 点混凝土声时值（μs）；

t_i——第 i 点测读声时值（μs）；

t_0、t_{oo}——声时初读数（μs）。

当采用厚度振动式换能器时，t_0 应参照仪器使用说明书的方法测得；当采用径向振动式换能器时，换能器声时初读数 t_{oo} 按下述方法进行测量：

将两个径向振动式换能器保持其轴线相互平行，置于清水中同一水平高度，两个换能器内边缘间距先后调节在 l_1、l_2，分别读取相应声时值 t_1、t_2。由仪器、换能器及其高频电缆所产生的声时初读数 t_0 应按下式计算：

$$t_0 = \frac{l_1 \times t_2 - l_2 \times t_1}{l_1 - l_2} \tag{6-63}$$

用径向振动式换能器在钻孔中进行对测时，声时初读数应按下式计算：

$$t_{oo} = t_0 + (d_1 - d)/v_w \tag{6-64}$$

当用径向振动式换能器在预埋声测管中检测时，声时初读数应按下式计算：

$$t_{oo} = t_0 + (d_2 - d_1)/v_g + (d_1 - d)/v_w \tag{6-65}$$

式中　t_{oo}——钻孔或声测管中测试的声时初读数（μs）；

t_0——仪器设备的声时初读数（μs）；

d——径向振动式换能器直径（mm）；

d_1——钻的声测孔直径或预埋声测管的直径（mm）；

d_2——声测管的外径（mm）；

v_w——水的声速（km/s），按表 6-4 取值；

v_g——预埋声测管所用材料的声速（km/s）。用钢管时 $v_g = 5.80$，用 PVC 管时 $v_g = 2.35$。

水的声速　　　　　　　　　　　　　　　　　　　表 6-4

水温度（℃）	5	10	15	20	25	30
水声速（km/s）	1.45	1.46	1.47	1.48	1.49	1.50

当采用一只厚度振动式换能器和一只径向振动式换能器进行检测时，声速初读数可取改二对换能器初读数之和的一半。

（4）超声传播距离（简称测距）测量

1）当采用厚度振动式换能器对测时，宜用钢卷尺测量 T、R 换能器内边缘之间的距离；

2）当采用厚度振动式换能器平测时，宜用钢卷尺测量 T、R 换能器边缘之间的距离；

3）当采用径向振动式换能器在钻孔或预埋管中检测时，宜用钢卷尺测量放置 T、R 换能器的钻孔或预埋管边缘之间的距离；

4）测距的测量误差应不大于 ±1%。

5. 裂缝深度检测

（1）单面平测法

当结构的裂缝部位只有一个可测表面时，估计裂缝深度又不大于 500mm 时，可采用单面平测法。平测法应在裂缝的被测部位，以不同的测距，按跨缝和不跨缝布置测点（布置测点时应避开钢筋的影响）进行检测，其检测步骤为：

1）不跨缝的声时测量

将 T 和 R 换能器置于裂缝附近同一侧，以两个换能器内边缘距离（l'）等于 100、150、200、250mm……分别读取声时值（t_i），绘制"时—距"坐标图或用回归分析的方法求出声时与测距之间的回归直线方程：

$$l_i = a + bt_i \tag{6-66}$$

每测点超声波实际传播距离 l_i 为：

$$l_i = l' + |a| \tag{6-67}$$

式中　l_i——第 i 点的超声波实际传播距离（mm）；

　　　l'——第 i 点的 R、T 换能器内边缘间距（mm）；

　　　a——回归直线方程的常数项（mm）。

不跨缝平测的混凝土声速值（km/s）为：

$$v = (l_n - l_1)/(t_n - t_1) \text{ 或 } v = b \tag{6-68}$$

式中　l_n、l_1——第 n 点和第 1 点的测距（mm）；

　　　t_n、t_1——第 n 点和第 1 点读取的声时值（mm）；

　　　b——回归直线方程的回归系数（mm）。

2）跨缝的声时测量：将 T、R 换能器分别置于以裂缝为对称的两侧，l' 取 100、150、200mm……分别读取声时值 t_i^0，同时观察首波相位的变化。

3）平测法检测裂缝深度的计算方法如下：

$$h_{ci} = \frac{l_i}{2}\sqrt{\left(\frac{t_i^0 v}{l_i}\right)^2 - 1} \tag{6-69}$$

$$m_{hc} = \frac{1}{n}\sum_{i=1}^{n} h_{ci} \tag{6-70}$$

式中　l_i——不跨缝平测时第 i 点的超声波实际传播速度（mm）；

　　　h_{ci}——第 i 点计算的裂缝深度值（mm）；

　　　t_i^0——第 i 点跨缝平测的声时值（μs）；

　　　m_{hc}——各测点计算裂缝深度的平均值（mm）；

　　　n——测点数。

4）裂缝深度的确定方法如下：

① 跨缝测量时，当在某测距发现首波反相时，可用该测距及两个相邻测距的测量值按（6-64）式计算 h_{ci} 值，取此三点 h_{ci} 的平均值作为该裂缝的深度值（h_c）；

② 跨缝测量中如难于发现首波反相，则以不同测距按（6-65）、（6-66）式计算 h_{ci} 及其平均值 m_{hc}。将各测距 l_n 与 m_{hc} 相比较，凡测距 l_n 小于 m_{hc} 和大于 $3m_{hc}$，应剔除该组数据，然后取余下 h_{ci} 的平均值，作为该裂缝的深度值（h_c）。

（2）双面斜测法

1）当结构的裂缝部位具有两个相互平行的测试表面时，可采用双面穿透斜测法检测。测点布置如图（6-8）所示，将 T、R 换能器分别置于两测试表面对应测点 1、2、3…… 的位置，读取相应声时值 t_i、波幅值 A_i 及主频率 f_i。

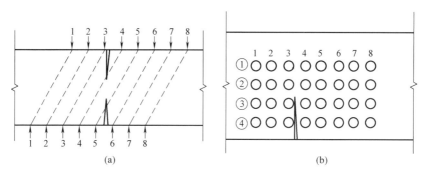

图 6-8　斜测裂缝测点布置示意图

（a）平面图；（b）立面图

2）当 T、R 换能器的连线通过裂缝，根据波幅、声时和主频的突变，可以判定裂缝深度以及是否所处断面内贯通。

（3）钻孔对测法

1）钻孔对测法适用于大体积混凝土，预计裂缝深度在 500mm 以上的裂缝。被检混凝土应允许在裂缝两侧钻测试孔。

2）所钻测试孔应满足下列要求：

① 孔径应比所用换能器直径大 5~10mm；

② 孔深应不小于比裂缝预计深度深 700mm。经测试如浅于裂缝深度，则应加深钻孔；

③ 对应的两个测试孔（A、B），必须始终位于裂缝两侧，其轴线应该平行；

④ 两个对应测试孔的间距宜为 2000mm，同一检测对象各对检测孔的间距应保持相同；

⑤ 孔中粉末碎屑应清理干净；

⑥ 宜在裂缝的一侧多钻一个孔距相同但较浅的孔，测试无裂缝混凝土的声学参数。

3）裂缝深度检测应选用频率为 20~60kHz 的径向振动式换能器，测试前应先向测试孔中注满清水，然后将 T、R 换能器分别置于裂缝两侧的对应孔中，以相同高程等间距（100~400mm）从上到下同步移动，逐点读取声时、波幅和换能器所处的深度。

4）随换能器位置的下移，波幅会逐渐增大，当换能器下移至某一位置后，波幅达到最大值并基本稳定，该位置所对应的深度便是裂缝深度值（h_c）。

6. 不密实区和空洞检测

检测不密实区和空洞时构件的被测部位应具有一对（或两对）相互平行的测试面，且测试范围除应大于有怀疑的区域外，还应有同条件的正常混凝土进行对比（对比测点数不应少于 20）。

(1) 测试方法

1）根据被测构件的实际情况，选择下列方法之一布置换能器：

① 当构件具有两对相互平行的测试面时，可采用对测法，在测试部位两对相互平行的测试面上，分别画出等间距的网格（网格间距：工业与民用建筑为 100～300mm，其他大型结构物可适当放宽），并编号确定对应的测点位置。

② 当构件只有一对相互平行的测试面时，可采用对测和斜侧相结合的方法，在测位两个相互平行的测试面上分别画出网格线，可在对测的基础上进行交叉斜侧。

③ 当测距较大时，可采用钻孔或预埋管测法。在测位预埋声测管或钻出竖向测试孔，预埋管内径或钻孔直径宜比换能器直径大 5～10mm，预埋管或钻孔间距宜为 2～3m，其深度可根据测试需要确定。检测时可用两个径向振动式换能器分别置于两测孔中进行测试，或用一个径向振动式与一个厚度振动式换能器，分别置于测孔中和平行于测孔的侧面进行测试。

(2) 数据处理和判断

1）测位混凝土声学参数的平均值（m_x）和标准差（s_x）应按式（6-71）、式（6-72）计算：

$$m_x = \sum X_i / n \tag{6-71}$$

$$s_x = \sqrt{\left(\sum X_i^2 - n \cdot m_x^2 \right)/(n-1)} \tag{6-72}$$

式中　X_i——第 i 点的声学参数测量值；

　　　　n——参与统计的测点数。

2）异常数据可按下列方法判别：

① 将测位各测点的波幅、声速和主频值由大至小按顺序分别排列，将排在后面明显小的数据视为可疑，再讲这些可疑数据中最大的一个（假定 X_n）连同其前面的数据按（6-70）、（6-71）式计算出 m_x 和 s_x 值，并按式（6-73）计算异常的判断值（X_0）：

$$X_0 = m_x - \lambda_1 \cdot s_x \tag{6-73}$$

式中 λ_1 按表 6-5 取值。

统计数的个数 n 与对应的 λ_1、λ_2、λ_3 值　　　　　　表 6-5

n	20	22	24	26	28	30	32	34	36	38
λ_1	1.65	1.69	1.73	1.77	1.80	1.83	1.86	1.89	1.92	1.94
λ_2	1.25	1.27	1.29	1.31	1.33	1.34	1.36	1.37	1.38	1.39
λ_3	1.05	1.07	1.09	1.11	1.12	1.14	1.16	1.17	1.18	1.19
n	40	42	44	45	46	50	52	54	56	58
λ_1	1.96	1.98	2.00	2.02	2.04	2.05	2.07	2.09	2.10	2.12

续表

n	40	42	44	45	46	50	52	54	56	58
λ_2	1.41	1.42	1.43	1.44	1.45	1.46	1.47	1.48	1.49	1.49
λ_3	1.20	1.22	1.23	1.25	1.26	1.27	1.28	1.29	1.30	1.31
n	60	62	64	66	68	70	72	74	76	78
λ_1	2.13	2.14	2.15	2.17	2.18	2.19	2.20	2.21	2.22	2.23
λ_2	1.50	1.51	1.52	1.53	1.53	1.54	1.55	1.56	1.56	1.57
λ_3	1.31	1.32	1.33	1.34	1.35	1.36	1.36	1.37	1.38	1.39
n	80	82	84	86	88	90	92	94	96	98
λ_1	2.24	2.25	2.26	2.27	2.28	2.29	2.30	2.30	2.31	2.31
λ_2	1.58	1.58	1.59	1.60	1.61	1.61	1.62	1.62	1.63	1.63
λ_3	1.39	1.40	1.41	1.42	1.42	1.43	1.44	1.45	1.45	1.45
n	100	105	110	115	120	125	130	140	150	160
λ_1	2.32	2.35	2.36	2.38	2.40	2.41	2.43	2.45	2.48	2.50
λ_2	1.64	1.65	1.66	1.67	1.68	1.69	1.71	1.73	1.75	1.77
λ_3	1.46	1.47	1.48	1.49	1.51	1.53	1.54	1.56	1.58	1.59

将判断值（X_0）与可疑数据的最大值（X_n）相比较，当 X_n 不大于 X_0 时，则 X_n 及排列其后的各数据均为异常值，并且去除 X_n，再用 $X_1 \sim X_{n-1}$ 进行计算和判别，直至判不出异常值为止，当 X_n 大于 X_0 时，应再将 X_{n+1} 放进去重新进行计算和判别；

② 当测位中判出异常测点时，可根据异常测点的分布情况，按下式进一步判别其相邻测点是否异常：

$$X_0 = m_x - \lambda_2 \cdot s_x \quad 或 \quad X_0 = m_x - \lambda_3 \cdot s_x \qquad (6-74)$$

式中 λ_2、λ_3 按表 4-1-5 取值。当测点布置为网格状时取 λ_2；当单排布置测点时（如在声测孔中检测）取 λ_3。

3）若保证不了耦合条件的一致性，则波幅值不能作为统计法的判据。

4）当测位中某些测点的声学参数被判为异常值时，可结合异常测点的分布及波形状况确定混凝土内部存在不密实区和空洞的范围。当判定缺陷是空洞，可按《超声法检测混凝土缺陷技术规程》CECS 21 附录 C 估算空洞的当量尺寸。

7. 混凝土结合面质量检测

检测混凝土结合面质量时，应在测试前查明结合面的位置及走向，明确被测部位及范围，构件的被测部位应具有使声波垂直或斜穿结合面的测试条件。

(1) 测试方法

1）混凝土结合面质量检测可采用对测法和斜测法。布置测点时应满足下列条件：

① 使测试范围覆盖全部结合面或有怀疑的部分；

② 各对 T-R_1（声波传播不经过结合面）和 T-R_2（声波传播经过结合面）换能器连线的倾斜角测距应相等；

③ 测点的间距视构件尺寸和结合面外观质量情况而定，宜为 100~300mm。

2）按布置好的测点分别测出各点的声时、波幅和主频值。

(2) 数据处理和判断

1）将同一测位各测点的声速、波幅和主频值分别按本节前文所述的方法进行统计和判断；

2）当测点数无法满足统计方法判断时，可将 T-R$_2$ 的声速、波幅等声学参数与 T-R$_1$ 进行比较，若 T-R$_2$ 的声学参数比 T-R$_1$ 显著低时，则该点可判定为异常测点；

3）当通过结合面的某些测点的数据被判为异常，并查明无其他因素影响时，可判定混凝土结合面在该部位结合不良。

8. 表面损伤层检测

检测表面损伤层厚度时，应根据构件的损伤情况和外观质量选取有代表性的部位布置测位，构件的被测表面应平整并处于自然干燥状态，且无接缝和饰面层。检测结果应作局部破损验证。

（1）测试方法

1）表面损伤层检测宜选用频率较低的厚度振动式换能器；

2）测试时 T 换能器应耦合好，并保持不动，然后将 R 换能器依次耦合在间距为 30mm 的测点 1、2、3…位置上，读取相应的声时值 t_1、t_2、t_3…，并测量每次 T、R 换能器内边缘之间的距离 l_1、l_2、l_3…。每一测位的测点数不得少于 6 个，当损伤层较厚时，应适当增加测点数；

3）当构件的损伤层厚度不均匀时，应适当增加测位数量。

（2）数据处理及判断

1）根据各测点的声时值 t_i 和相应测距值 l_i 绘制"时—距"坐标图，由图可得到声速改变所形成的转折点，该点前、后分别表示损伤和未损伤混凝土的 l 和 t 的相关直线。用回归分析方法分别求出损伤、未损伤混凝土 l 和 t 的回归直线方程：

损伤混凝土：

$$l_f = a_1 + b_1 \cdot t_f \tag{6-75}$$

未损伤混凝土：

$$l_a = a_2 + b_2 \cdot t_a \tag{6-76}$$

式中　l_f——拐点前各测点的测距（mm）；

　　　t_f——拐点前混凝土中各测点的声时（μs）；

　　　l_a——拐点后各测点的测距（mm）；

　　　t_a——拐点后混凝土中各测点的声时（μs）。

2）损伤层厚度应按下式计算：

$$l_0 = (a_1 b_2 - a_2 b_1)/(b_2 - b_1) \tag{6-77}$$

$$h_f = \frac{l_0}{2}\sqrt{\frac{b_2 - b_1}{b_2 + b_1}} \tag{6-78}$$

式中　h_f——损伤层厚度（mm）。

9. 钢管混凝土缺陷检测

本方法适用于管壁与混凝土粘结良好的钢管混凝土缺陷检测。检测过程中应注意防止首波信号经由钢管壁传播。所用钢管的外表面应光洁，无严重锈蚀。

（1）检测方法

1）钢管混凝土采用径向对测的方法，如图 6-9 所示。

2）应选择钢管与混凝土胶结良好的部位布置测点。

3）布置测点时，可先测量钢管的实际周长，再将圆周等分，在钢管测试部位画出若干根母线和等间距的环向线，线间距宜为 150～300mm。

4）检测时可先作径向对测，在钢管混凝土每一环线上保持 T、R 换能器连线通过圆

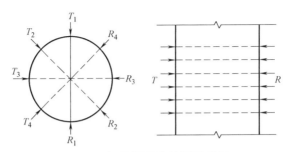

图 6-9　钢管混凝土检测示意图

心，沿环向测试，逐点读取声时、波幅和主频。

5）对于直径较大的钢管混凝土，也可采用预埋声测管的方法检测。

(2) 数据处理及判断

1）同一测距的声时、波幅和频率和统计计算及异常值判定按本节前文所述内容进行处理；

2）当同一测位的测试数据离散性较大或数据较少时，可将怀疑部位的声速、波幅、主频与相同直径钢管混凝土的质量正常部位的声学参数相比较，综合分析判断所测部位的内部质量。

6.2.2　其他混凝土缺陷检测方法简介

1. 脉冲-回波法

脉冲-回波法时在混凝土表面施加一定的冲击力产生应力波，当应力波在混凝土传播遇到缺陷和底面时，将产生往复发射并引起混凝土两面微小的位移响应。接收这种响应并进行频谱分析可获得频谱图。频谱图上突出的波峰就是应力波在混凝土表面和底面及缺陷部位间来回反射所形成的，根据频率峰值可判断混凝土有无缺陷及其深度。

由加拿大国家标准局技术研究院和美国 Comell 大学联合研发的 Docter 冲击-回波仪于 1992 年 4 月正式成为商业产品。她即可探测混凝土内部缺陷，又可测量结构厚度。我国南京水利科学研究院 1989 年开始进行研究这项测试技术，取得成功后又着手测试设备的研究开发，1996 年通过电力部鉴定，并实现商品化。

2. 声发射检测技术

在工程材料受力过程中，由于内部存在不同性质的缺陷或微观构造不均匀性产生局部应力集中，造成不稳定的应力分布。不稳定的高能状态向稳定的低能状态转化是通过材料的塑性变形、裂缝产生于扩展直至失稳断裂而完成的。在应力松弛过程中释放的应变能，一部分以应力波的形式发射和传播，即称为声发射。声发射的特征和强弱程度，表达了材料组织结构变化的动态信息，用仪器检测、分析声发射信号，并加以处理，进一步推断材料性质和状态的变化。根据接收应力波次数、幅度、能量及时间差，可了解缺陷的动态活动情况，包括发生的时刻、发生的位置、发生的次数、缺陷信号和强度等。

声发射技术在混凝土内部缺陷检测中可发现混凝土裂缝的出现和发展，可以实现对混凝土内部缺陷的动态检测，但不能判断出缺陷的性质和大小，仍需依赖于其他无损检测方法进行复验。但可用声发射技术分析混凝土的破坏全过程，以确定各种不同混凝土在整个受力过程中的力学行为，这些都是其他方法所难以胜任的。

3. 雷达检测技术

雷达波（或微波）时频率为 300MHz～300GHz 的电磁波，真空中其相应的波为 1m～1mm，处于远红外线至无线电短波之间的电磁频谱。雷达波检测技术就是以微波作为传递信息的媒介，根据微波特性和传播对材料、结构和产品的性质、缺陷进行非破损检测与诊断的新技术。微波对衰减大的非金属材料具有较强的穿透能力，不穿透导电性好的材料。雷达天线向混凝土发射雷达波，由于混凝土、钢筋、空洞的介电常数不同，使雷达波在不同介质的界面处发生反射，并由混凝土表面的接收天线接收，根据发射雷达波至反射波返回的时间差与混凝土中雷达波的传播速度来确定反射体距表面的距离，以达到检出混凝土内部钢筋、缺陷位置和深度的目的。

雷达检测技术主要用于混凝土中钢筋位置、内部缺陷的测定。雷达检测技术由于其穿透深度大、可实现非接触探测、分辨率高、可确定缺陷性质等特性，在混凝土内部缺陷和钢筋检测中得到了比较广泛的运用。

6.3 混凝土构件中的钢筋检测

混凝土中的钢筋检测包括钢筋数量和间距、钢筋保护层厚度、公称直径、力学性能及钢筋锈蚀状况。采用的方法主要有电磁感应法、雷达仪、半电池电位法、直接法和取样称量法。

6.3.1 钢筋间距和保护层厚度检测

1. 检测原理

混凝土中钢筋间距和保护层厚度的检测可采用基于电磁感应原理的钢筋探测仪或基于电磁波反射原理的雷达仪进行非破损检测。在钢筋混凝土结构设计中对钢筋间距和保护层厚度有明确的规定，钢筋间距不符合要求将会直接影响结构的承载能力，混凝土保护层厚度不符合规范要求则会影响结构的耐久性和结构的承载能力。钢筋混凝土结构中钢筋的间距和保护层厚度是建筑结构现场检测技术中一项重要的内容。

（1）电池感应钢筋探测仪的工作原理

根据电磁感应原理，由振荡器产生的频率和振幅稳定的交流信号，进入激磁线圈，在线圈周围产生交变磁场，引起电磁感应测量线圈的信号输出，当没有铁磁物质进入磁场中时，测量线圈的输出最小；如果有铁磁物质（钢筋）靠近传感器，测量线圈的输出就会增大，传感器的电压输出是钢筋直径和保护层厚度的函数，利用测量线圈输出电压的差动性，经信号处理、放大和模数转换，便可显示为钢筋的直径、间距和保护层厚度。

（2）雷达仪检测钢筋直径、间距和保护层厚度的工作原理在本节前文中已有说明，在此不再赘述。

2. 检测仪器

（1）仪器的性能要求

电磁感应法钢筋探测仪（以下简称钢筋探测仪）和雷达仪检测前应采用校准试件进行校准，当混凝土保护层厚度为 10～50mm 时，混凝土保护层厚度检测的允许误差为 ±1mm，钢筋间距检测的允许误差为 ±2mm，当混凝土保护层厚度大于 50mm 时，混凝土保护层厚度检测的允许误差为 ±2mm。

正常情况下，钢筋探测仪和雷达仪的校准有效期为一年，发生以下情况之一时，应对钢筋探测仪和雷达仪进行校准：

1）新仪器启用前；

2）检测数据异常，无法进行调整；

3）经过维修或更换主要零配件。

(2) 钢筋探测仪的校准

1）校准试件的制作

① 制作校准试件的材料不得对仪器产生电磁干扰，可采用混凝土、木材、塑料、环氧树脂等，宜优先采用混凝土材料，且在混凝土龄期达到 28d 后使用。

② 制作校准试件时，宜将钢筋预埋在校准试件中，钢筋埋置时两端应露出试件，长度宜为 50mm 以上。试件表面应平整，钢筋轴线应平行于试件表面，从试件 4 个侧面量测其钢筋的埋置深度应不同，并且同一钢筋两外露端轴线至试件同一表面的垂直距离差应在 0.5mm 以内。

③ 校准的试件尺寸、钢筋公称直径和钢筋保护层厚度可根据钢筋探测仪的量程进行设置，并应与工程中被检钢筋的实际参数相同。钢筋间距标准试件的制作同雷达仪校准试件的制作。

2）应对钢筋间距、混凝土保护层厚度 2 个检测项目进行校准。

3）校准步骤

① 应在试件各测试表面标记出钢筋的实际轴线位置，用游标卡尺量测两外露钢筋在各测试面上的实际保护层厚度值，取其平均值，精确至 0.1mm。

② 应采用游标卡尺量测钢筋直径，精确至 0.1mm，并通过相关的钢筋产品标准查出其对应的公称直径。

③ 校准时，钢筋探测仪探头应在试件上进行扫描，并标记出仪器所指定的钢筋轴线，应采用直尺量测试件表面钢筋探测仪所测定的钢筋轴线与实际钢筋轴线之间的最大偏差。记录钢筋探测仪指示的保护层厚度检测值。对于具有直径检测功能的钢筋探测仪，应进行直径检测。

④钢筋探测仪检测值和实际量测值的偏差均符合本节前文对仪器的性能要求时，应判定钢筋探测仪合格。当部分项目指标以及一定量程范围内的检测值和试件量测值的偏差符合本节前文对仪器性能的要求时，可判定其相应部分合格，但应限定钢筋探测仪的使用范围，并应指明其符合的项目和量程范围以及不符合的项目和量程范围。

⑤ 经过校准合格或部分合格的钢筋探测仪，应注明所采用的校准试件的钢筋牌号、规格以及校准试件材质。

(3) 雷达仪校准方法

1）校准试件的制作

① 应选择当地常用的原材料及强度等级制作混凝土板，并宜采用同盘混凝土拌合物同时制作校正混凝土介电常数的素混凝土试块，其大小应参考雷达仪说明书的要求。当试件较多时，校准用混凝土板应和校正介电常数的试块一一对应。

② 混凝土板应采用单层钢筋网，宜采用直径为 8～12mm 的圆钢制作，其间距宜为 100～150mm，钢筋保护层厚度应覆盖 15mm、40mm、65mm、90mm 四个区段，每个混

凝土保护层厚度的钢筋网至少应有 8 个间距。钢筋两端应外露，其两端保护层厚度差不应大于 0.5mm，两端的间距差不应大于 1mm。也可根据工程实际制作相应的试件。

③ 制作混凝土试件的原材料均不得含有铁磁性原材料，试件浇筑后 7d 内应浇水并覆盖养护，7d 后采用自然养护，试件龄期应达到 28d 且在自然风干后使用。

2）应对钢筋间距和混凝土保护层厚度 2 个项目进行校准。

3）校准步骤

① 校准过程中应避免外界的电磁干扰。

② 应先用校正介电常数的试块对雷达仪进行校正。

③ 在外露钢筋的两端，应采用钢卷尺量测 6 段钢筋间距内的各段间距长度，精确至 1mm，取平均值，并作为钢筋的实际平均间距，精确至 1mm。同时用游标卡尺量测钢筋两外露端实际混凝土保护层厚度值，取其平均值，精确至 0.1mm。

④ 应根据雷达仪在试件上的扫描结果，标记出雷达仪所指定的钢筋轴线，并应根据扫描结果计算钢筋平均间距及混凝土保护层厚度检测值。

⑤ 当雷达仪检测值和实际量测值的差值符合本节前文对仪器性能的要求时，应判定雷达仪合格。当部分项目指标以及一定量程范围内的检测值和实际量测值的差值符合本节前文对仪器性能的要求时，应判定其相应部分合格，但应限定雷达仪的使用范围，并应指明其符合的项目和量程范围以及不符合的项目和量程范围。

⑥ 经过校准合格或部分合格的仪器，应注明所采用的校准试件的钢筋牌号、规格以及混凝土材质。

3. 检测技术要点

(1) 一般规定

1）钢筋探测仪和雷达仪检测方法不适用于含有铁磁性物质的混凝土检测；

2）检测面应清洁平整，便于仪器操作并应避开金属预埋件；

3）进行保护层厚度检测时，检测面应选择无饰面层的部位；当有饰面层进行钢筋布置检测时，检测面应选择饰面层影响最小的部位；

4）为验证检测数据所进行的钻孔、剔凿不得损坏钢筋，应采用游标卡尺进行量测，量测精度应不低于 0.1mm。

(2) 钢筋探测仪检测技术要点

1）检测前，应对钢筋探测仪进行预热和调零，调零时探头应远离金属物体。在检测过程中，应核查钢筋探测仪的零点状态。

2）进行检测前，宜进行预扫描，电磁感应钢筋探测仪的探头在检测面上沿探测方向移动，直到仪器保护层厚度示值最小，此时探头中心线与钢筋轴线应重合，在相应位置做好标记，并初步了解钢筋埋设深度。重复上述步骤将相邻的其他钢筋位置逐一标出。

3）钢筋位置确定后，应按下列方法进行混凝土保护层厚度的检测：

① 根据预扫描结果设定仪器量程范围，根据实测结果或设计资料设定仪器的钢筋直径参数。沿被测钢筋轴线选择相邻钢筋影响较小的位置，在预扫描的基础上进行扫描探测，确定钢筋的准确位置，将探头放在与钢筋轴线重合的检测面上读取保护层厚度检测值。

② 当对检测数据存在疑问，可在同一位置重复检测 1 次。

③ 当同一根钢筋同一处读取的 2 个保护层厚度值相差不大于 1mm 时，取二次检测数据的平均值为保护层厚度值；相差大于 1mm 时，该次检测数据无效，并应查明原因，在该处重新进行 2 次检测，仍不满足要求时，应该更换钢筋探测仪进行检测或采用局部剔凿的方法检测。

4）当实际保护层厚度值小于仪器最小示值时，应采用在探头下附加垫块的方法进行检测。垫块对仪器检测结果不应产生干扰，表面应光滑平整，其各方向厚度值偏差不应大于 0.1mm。所加垫块厚度在计算保护层厚度时应予扣除。

5）遇到下列情况之一时，应选取不少于 30％的已测钢筋，且不应少于 6 处，当实际检测数量不到 6 处时应全部抽取，采用原位实测法验证：

① 认为相邻钢筋对检测结果有影响；

② 钢筋公称直径未知或有异议；

③ 钢筋实际根数、位置与设计有较大偏差；

④ 钢筋以及混凝土材质与校准试件有显著差异。

(3) 雷达仪检测技术要点

1）雷达法宜用于结构或构件中钢筋间距、分布大面积扫描检测以及多层钢筋的扫描检测；当检测精度满足要求时，也可用于钢筋保护层厚度检测；

2）根据被测结构及构件中钢筋的排列方向，雷达仪探头或天线应沿垂直于选定的被测钢筋轴线方向扫描，应根据钢筋的反射波位置来确定钢筋间距和混凝土保护层厚度检测值；

3）遇到下列情况之一时，应选取不少于 30％的已测钢筋且不应少于 6 处，当实际检测数量不到 6 处时应全部抽取，采用原位实测法验证：

① 认为相邻钢筋对检测结果有影响；

② 钢筋实际根数、位置与设计有较大偏差或无资料可参考时；

③ 混凝土含水率较高；

④ 钢筋以及混凝土材质与校准试件有显著差异。

(4) 钢筋直径检测技术要点

1）钢筋探测的操作及设备的一般要求同本节前文相应内容；

2）钢筋的公称直径检测应采用钢筋探测仪检测并结合钻孔、剔凿的方法进行，钢筋钻孔、剔凿的数量不应少于该规格已测钢筋的 30％且不应少于 3 处（当实际检测不到 3 处时应全部选取）。钻孔、剔凿时不得损坏钢筋，实测应采用游标卡尺，量测精度应为 0.1mm；

3）实测时，根据游标卡尺的测量结果，通过相关的钢筋产品标准查出对应的钢筋公称直径；

4）当钢筋探测仪测得的钢筋公称直径与钢筋实际公称直径之差大于 1mm 时，应以实测结果为准；

5）被测钢筋与相邻钢筋的间距应大于 100mm，且其周边的其他钢筋不应影响检测结果，并应避开钢筋接头及绑丝。在定位标记上，应根据钢筋探测仪的使用说明书操作，并记录钢筋探测仪显示的钢筋公称直径。每根钢筋重复检测 2 次，第 2 次检测时探头应旋转 180°，每次读数必须一致；

6）对需依据钢筋混凝土保护层厚度值来检测钢筋公称直径的仪器，应事先钻孔确定钢筋的混凝土保护层厚度。

4. 检测数据处理

1）钢筋的混凝土保护层厚度平均检测值应按式（6-79）计算：

$$c_{\mathrm{m},i}^{\mathrm{t}}=(c_1^{\mathrm{t}}+c_2^{\mathrm{t}}+2c_{\mathrm{c}}-2c_0)/2 \tag{6-79}$$

式中　$c_{\mathrm{m},i}^{\mathrm{t}}$——第 i 测点混凝土保护层厚度平均检测值，精确至 1mm；

c_1^{t}、c_2^{t}——第 1、2 次检测的混凝土保护层厚度检测值，精确至 1mm；

c_{c}——混凝土保护层厚度修正值，为同一规格钢筋的混凝土保护层厚度实测验证值减去检测值，精确至 0.1mm；

c_0——探头垫块厚度，精确至 0.1mm；不加垫块时 $c_0=0$。

2）检测钢筋间距时，可根据实际需要采用绘图方式给出结果。当同一构件检测钢筋不少于 7 根钢筋（6 个间隔）时，也可给出被测钢筋的最大间距、最小间距，并按式（6-80）计算钢筋平均间距：

$$s_{\mathrm{m},i}=\frac{\sum_{i=1}^{n}s_i}{n} \tag{6-80}$$

式中　$s_{\mathrm{m},i}$——钢筋平均间距，精确至 1mm；

s_i——第 i 个钢筋间距，精确至 1mm。

6.3.2　钢筋直径检测

1. 检测原理

混凝土中钢筋公称直径的检测可采用直接法或取样称量法。钢筋公称直径及力学性能不符合要求将会直接影响结构的承载能力，是混凝土结构现场检测中一项重要的检测内容。钢筋公称直径检测的直接法和取样称量法均为微破损检测方法，在原结构构件上剔凿出待检测钢筋，使用游标卡尺直接量测或截取钢筋段进行称量。

2. 检测仪器

直接法和取样称重法所需检测仪器为游标卡尺和天平，检测使用的仪表必须具有计量单位的校准合格证。

3. 检测技术要点

（1）一般要求

当出现下列情况之一时，应采取取样称量法进行检测：

1）仲裁性检测；

2）对钢筋直径有争议；

3）缺失钢筋资料；

4）委托方有要求。

（2）钢筋公称直径检测前应确定钢筋位置。

（3）采用直接法量测钢筋直径时，应清除钢筋的环氧涂层。

（4）采用直接法量测钢筋直径时，应剔除混凝土保护层，露出钢筋，并将钢筋表面残留混凝土清除干净。

（5）采用取样称量法量测钢筋直径应符合下列规定：

1）应沿钢筋走向凿开混凝土保护层检验批；

2）截取长度不宜小于 500mm；

3）应清除钢筋表面的混凝土，用 12% 盐酸溶液进行酸洗，经清水漂净后，用石灰水中和，再以清水冲洗干净；

4）应调直钢筋，并对端部进行打磨平整，测量钢筋长度，精确至 1mm；

5）钢筋表面晾干后，应采用天平称重，精确至 1g。

（6）对构件内钢筋进行截取时，应符合下列规定：

1）应选择受力较小的构件，并在其中随机抽样，在构件中受力较小的部位截取钢筋；

2）每个梁、柱构件上只能截取 1 根钢筋；墙、板构件每个受力方向只能截取 1 根钢筋；

3）所选择的钢筋应表面完好，无明显锈蚀现象；

4）钢筋的截断宜采用机械切割方式；

5）截取的钢筋试件长度应满足钢筋力学性能试验的要求。

4. 抽样方法

（1）直接法检测抽样方法

1）单位工程建筑面积不大于 2000m² 同牌号同规格的钢筋应作为一个检验批；

2）工程质量检测时，每个检测批同牌号同规格的钢筋各抽检不应少于 1 根；

3）结构性能检测时，每个检测批同牌号同规格的钢筋各抽检不应少于 2 根；当图纸缺失时，选取钢筋应具有代表性。

（2）取样称量法检测抽样方法

1）工程质量检测时，当有钢筋材料进场记录时，根据钢筋材料进场记录确定检测批，在一个检测批内，仅对有疑问的规格进行取样，相同规格的钢筋截取钢筋试件不应少于 2 根；当没有钢筋材料进场记录时，按结构性能评价的抽样规则进行抽样。

2）结构性能评价时，按单位工程建筑面积不大于 3000m² 的钢筋应作为一个检测批，同一检测批中，随机抽取同一种牌号和规格的钢筋，截取钢筋试件数量不应少于 2 根。

3）评估损伤钢筋的力学性能时，应先根据不同受损程度进行分类，确定取样范围和数量。每类受损程度截取的钢筋试件数量不应少于 2 根。

5. 数据处理

（1）直接法检测

采用直接法检测钢筋直径时，应用游标卡尺测量钢筋直径，测量精确到 0.1mm；同一部位应重复测量 3 次，将 3 次测量结果的算术平均值作为该测点钢筋直径的检测值。

（2）取样称量法检测

1）钢筋的直径按下式进行计算：

$$d = 12.74\sqrt{\frac{\omega}{l}} \tag{6-81}$$

式中　d——钢筋直径（mm），精确至 0.1mm；

　　　ω——钢筋试件重量（g），精确至 0.1g；

　　　l——钢筋试件长度（mm），精确至 1mm。

2）钢筋实际重量与理论重量的偏差按下式进行计算：

$$p = \frac{G_0/l - g_0}{g_0} \tag{6-82}$$

式中 p——钢筋实际重量与理论重量的偏差（%）；

G_0——钢筋试件实际重量（g），精确至 0.1g；

g_0——钢筋单位长度理论重量（g/mm）；

l——钢筋试件长度（mm），精确至 1mm。

3）钢筋实际重量与理论重量的允许偏差应符合表 6-6 的规定。

钢筋实际重量与理论重量的允许偏差 表 6-6

公称直径(mm)	理论重量(g/mm)	实际重量与理论重量的偏差(%)
6	0.222	
8	0.395	±7
10	0.617	
12	0.888	
14	1.21	
16	1.58	±5
18	2.00	
20	2.47	
22	2.98	
25	3.85	
28	4.83	±4
32	6.31	
36	7.99	
40	9.87	

6.3.3 钢筋锈蚀性状检测

1. 检测原理

混凝土是碱性材料（pH 值介于 10～13），浇筑质量良好的混凝土中钢筋受到周围混凝土的碱性成分保护而处于钝化状态，使钢筋免受锈蚀。由于混凝土质量差和工作环境恶劣等原因，如结构混凝土产生裂缝，以致氧气、水分或有害物质侵入，混凝土中碱性物质与空气中二氧化碳结合发生碳化，使保护层碱度下降，破坏的钢筋的钝化状态，使钢筋锈蚀。

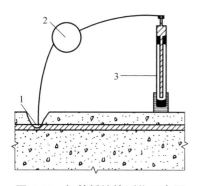

图 6-10 钢筋锈蚀检测仪示意图

1—剥开或露筋位置；2—电压仪；

3—铜-硫酸铜半电池

混凝土中钢筋锈蚀是一个电化学的过程，锈蚀使钢筋表面存在正、负电位区域，混凝土便成为电介质，即钢筋与周围的混凝土形成一个半电池，钢筋因锈蚀而在钢筋表面形成电位差，检测时采用铜-硫酸铜作为参考电极的半电池探头——半电池检测法，以钢筋表面层上某一点的电位与安置在表面上的铜-硫酸铜参考电极的电位作比较进行测定。

检测电路如图 6-10 所示。

用导线把钢筋与一只电压仪连接，再把表的另一端与铜-硫酸铜参考电极相连，参考电极的头部装有木塞和海绵，保证良好的接触。电压仪的读数与所测位置处的钢筋电位有关，按照刻度盘读出数据后就可以确定钢筋表面正极区和负极区，从而确定钢筋上锈蚀的部位。

2. 检测仪器

(1) 仪器的性能要求

1) 半电池电位法检测设备应包括半电池电位法钢筋锈蚀检测仪（以下简称钢筋锈蚀检测仪）和电磁感应钢筋探测仪等，电磁感应钢筋探测仪的技术要求应符合本节前文的要求。

2) 饱和硫酸铜溶液应采用分析纯硫酸铜试剂晶体溶解于蒸馏水中制备。应使刚性管的底部积有少量未溶解的硫酸铜结晶体，溶液应清澈且饱和。

3) 半电池的电连接垫应预先浸湿，多孔塞和混凝土构件表面应形成电通路。

4) 电压仪应具有采集、显示和存储数据的功能，满量程不宜小于 1000mV。在满量程范围内的测试允许误差为 $\pm 3\%$。

5) 用于连接电压仪与混凝土中钢筋的导线宜为铜导线，其总长度不宜超过 150m、截面面积宜大于 0.75mm^2，在使用长度内因电阻干扰所产生的测试回路电压降不应大于 0.1mV。

(2) 仪器的保养、维护和校准

1) 钢筋锈蚀检测仪使用后，应及时清洗刚性管、铜棒和多孔塞，并应密闭盖好多孔塞。

2) 铜棒可采用稀释的盐酸溶液轻轻擦洗，并用蒸馏水清洗干净。不得用钢毛刷擦洗铜棒及刚性管。

3) 硫酸铜溶液使用达到 6 个月时宜给予更换，更换后宜用甘汞电极进行校准。在室温 (22±1)℃时，铜-硫酸铜电极与甘汞电极之间的电位差应为 (68±10)mV。

3. 半电池电位检测技术要点

(1) 在混凝土结构及构件上可布置若干测区，测区面积不宜大于 5m×5m，并按确定的位置编号。每个测区应采用矩阵式（行、列）布置测点，依据被测结构及构件的尺寸，宜用 100mm×100mm～500mm×500mm 划分网格，网格的节点应为电位测点。每个构件的半电池电位法测点数不应少于 30 个。

(2) 当测区混凝土有绝缘涂层介质隔离时，应清除绝缘涂层介质。测点处混凝土表面应平整、清洁。必要时应采用砂轮或钢丝刷打磨，并应将粉尘等杂物清除。

(3) 导线与钢筋的连接应按下列步骤进行：

1) 采用钢筋探测仪检测钢筋的分布情况，并应在适当位置剔凿出钢筋；

2) 导线一端应接于电压仪的负输入端，另一端应接于混凝土中钢筋上；

3) 连接处的钢筋表面应除锈或清除污物，以保证导线与钢筋有效连接；

4) 测区内的钢筋（钢筋网）必须与连接点的钢筋形成电通路。

(4) 导线与半电池的连接应按下列步骤进行：

1）连接前应检查各种接口，接触应良好；

2）导线一端应连接到半电池接线插座上，另一端应连接到电压仪的正输入端。

（5）测区混凝土应预先充分浸湿。可在饮用水中加入适量（约 2%）家用液态洗涤剂配制成导电溶液，在测区混凝土表面喷洒，半电池的电连接垫与混凝土表面测点应有着良好的耦合。

（6）半电池检测系统稳定性应符合下列要求：

1）在同一测点，用相同半电池重复 2 次测得该点的电位差值应小于 10mV；

2）在同一测点，用两只不同的半电池重复 2 次测得该点的电位差值应小于 20mV。

（7）半电池电位的检测应按下列步骤进行：

1）测量并记录环境温度；

2）应按测区编号，将半电池依次放在各电位测点上，检测并记录各测点的电位值；

3）检测时，应及时清除电连接垫表面的吸附物，半电池多孔塞与混凝土表面应形成电通路；

4）在水平方向和垂直方向上检测时，应保证半电池刚性管中的饱和硫酸铜溶液同时与多孔塞和铜棒保持完全接触；

5）检测时应避免外界各种因素产生的电流影响。

4. 数据处理

当检测环境温度在（22±5）℃之外时，应按下列公式对测点的电位值进行温度修正：

（1）当 $T \geqslant 27℃$：

$$V = 0.9 \times (T - 27.0) + V_R \tag{6-83}$$

（2）当 $T \leqslant 17℃$：

$$V = 0.9 \times (T - 17.0) + V_R \tag{6-84}$$

式中　　V——温度修正后电位值，精确至 1mV；

　　　　V_R——温度修正前电位值，精确至 1mV；

　　　　T——检测环境温度，精确至 1℃；

　　　　0.9——系数（mV/℃）。

5. 检测结果判定

（1）半电池电位检测结果可采用电位等值线图表示被测结构及构件中钢筋的锈蚀性状。

（2）宜按合适比例在结构及构件图上标出各测点的半电池电位值，可通过数值相等的各点或内插等值的各点绘出电位等值线。电位等值线的最大间隔宜为 100mV，如图 6-11 所示。

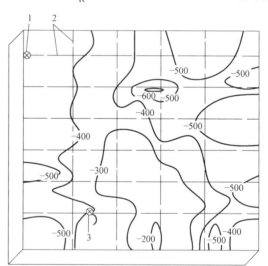

图 6-11　电位等值线示意图

1—钢筋锈蚀检测仪与钢筋连接点；

2—钢筋；3—铜-硫酸铜半电池

（3）当采用混凝土电阻率法评价混凝土中钢筋锈蚀速率时，应根据表 6-7 标准进行判断。

电位水平(mV)	钢筋状态
>−200	不发生锈蚀的概率>90%
−200～−350	锈蚀状态不确定
<−350	发生锈蚀的概率>90%

半电池电位值评价钢筋锈蚀性状的判据　表 6-7

6.4　混凝土构件裂缝检测

　　裂缝通常是物体表面窄长形状的间隙,这种间隙造成了材料的间断和不连续。混凝土结构在施工及使用过程中会受到各种因素的影响从而出现各种原因引起的裂缝,这在一定程度上制约了混凝土结构的应用。对于引起裂缝的原因,应该区别"受力裂缝"和"非受力裂缝";对于裂缝造成的后果,应区别"一般裂缝"和"危险裂缝"。工程实际表明,混凝土结构的非受力裂缝和一般裂缝是难以避免的,而只有严重的受力裂缝才可能引起结构或构件的承载安全问题。对混凝土构件裂缝进行检测,其核心不是防止裂缝出现,而是判断裂缝的性质及其危险性,并采取针对性的措施消除不利影响。关于混凝土构件裂缝深度、裂缝宽度等检测方法可见本书第 6.2.1 节及第 10.4 节相关内容。

6.4.1　混凝土构件受力裂缝特征及评定标准

　　混凝土结构承受外界荷载作用时,在其构件内部引起各种内力(拉、压、弯、剪、扭等)。对于混凝土构件内部应力场的任何微小单元来讲,均可分解为拉应力和压应力的两种应力状态,并且可以作为应力场中互相垂直的主拉应力迹线和主压应力迹线。混凝土作为一种脆性材料,其抗压强度远大于抗拉强度,当应力场中某处主拉应力大于混凝土抗拉强度时,混凝土就会在垂直于主拉应力的方向开裂,裂缝方向一般沿着主压应力方向。因此在混凝土构件中,受力裂缝总是沿着压应力方向产生和延伸的。混凝土构件典型受力裂缝特征见表 6-8 所示。混凝土构件受力裂缝评定标准见表 6-9 和表 6-10 所示。

混凝土构件的典型受力裂缝特征　表 6-8

原因	裂缝主要特征	裂缝表现
轴心受拉	裂缝贯穿结构全截面,大体等间距(垂直于裂缝方向);用带肋钢筋时,裂缝间出现位于钢筋附近的次裂缝	
轴心受压	沿构件出现短而密的平行于受力方向的裂缝	

续表

原因	裂缝主要特征	裂缝表现
偏心受压	弯矩最大截面附近从受拉边缘开始出现横向裂缝，逐渐向中和轴发展；用带肋钢筋时，裂缝间可见短向次裂缝	
	沿构件出现短而密的平行于受力方向的裂缝，但发生在压力较大一侧，且较集中	
局部受压	在局部受压区出现大体与压力方向平行的多条短裂缝	
受弯	弯矩最大截面附近从受拉边缘开始出现横向裂缝，逐渐向中和轴发展，受压区混凝土压碎	
受剪	沿梁端中下部发生约 45° 方向相互平行的斜裂缝	
	沿悬臂剪力墙支承端受力一侧中下部发生一条约 45° 方向的裂缝	
受扭矩	某一面腹部先出现多条约 45° 方向斜裂缝，向相邻面以螺旋方向展开	

续表

原因	裂缝主要特征	裂缝表现
受冲切	沿柱头板内四侧发生 45°方向的斜裂缝； 沿柱下基础体内柱边四侧发生 45°方向斜裂缝	

混凝土构件受力裂缝评定标准　　　　　　　　　表 6-9

检测项目	环境	构件类别		c_u 级或 d_u 级构件	鉴定标准
受力主筋处的弯曲裂缝、一般弯剪裂缝和受拉裂缝宽度(mm)	室内正常环境	钢筋混凝土	主要构件	＞0.50	《民用建筑可靠性鉴定标准》GB 50292
			一般构件	＞0.70	
		预应力混凝土	主要构件	＞0.20(0.30)	
			一般构件	＞0.30(0.5)	
	高湿度环境	钢筋混凝土	任何构件	＞0.40	
		预应力混凝土		＞0.10(0.20)	
剪切裂缝和受压裂缝(mm)	任何环境	钢筋混凝土或预应力混凝土		出现裂缝	

注:1. 表中的剪切裂缝系指斜拉裂缝和斜压裂缝；
　　2. 高湿度环境系指露天环境、开敞式房屋易遭飘雨部位等；
　　3. 表中括号内的限值适用于热轧钢筋配筋的预应力混凝土构件；
　　4. 裂缝宽度以表明测量为准。

混凝土构件受力裂缝评定标准　　　　　　　　　表 6-10

检测项目	环境	构件类别	危险点	鉴定标准
产生超过 $L_0/150$ 挠度且受拉区裂缝(mm)	任何环境	梁、板	＞1.00	《危险房屋鉴定标准》JGJ 125
受力主筋处横向水平裂缝或斜裂缝(mm)	任何环境	梁、板	＞0.50	
受拉裂缝(mm)	任何环境	板	＞1.00	
延伸至梁高 2/3 以上受拉区竖向裂缝(mm)	任何环境	简支梁、连续梁	＞1.00	

检测项目	环境	构件类别	危险点	鉴定标准
剪切裂缝(mm)	任何环境	简支梁、连续梁支座附近	出现裂缝	《危险房屋鉴定标准》JGJ 125
竖向通长裂缝(mm)	任何环境	预应力梁、板	出现裂缝	
板底横向断裂缝(mm)	任何环境	预制板	出现裂缝	
板面周边裂缝,或板底交叉裂缝(mm)	任何环境	现浇板	出现裂缝	
受压或受剪裂缝(mm)	任何环境	钢筋混凝土墙	出现裂缝	
受拉区裂缝(mm)	任何环境	悬挑构件	＞0.50	

6.4.2 混凝土构件非受力裂缝特征及评定标准

荷载引起的混凝土结构受力裂缝固然重要，但在实际工程中只占很小的比例，混凝土结构中绝大多数的可见裂缝，都是由非荷载性质的间接作用引起的，称之为非受力裂缝。温度变化、收缩变形、基础沉降等都会导致混凝土构件内部产生拉应变和拉应力，进而引起混凝土构件的开裂。非受力作用的类型众多，引起的混凝土开裂方式也形态各异、纷繁复杂，混凝土构件典型非受力裂缝特征见表6-11。

根据《民用建筑可靠性鉴定标准》GB 50292 相关规定，当混凝土结构构件的非受力裂缝出现下列情况之一时，应视为不适于承载的裂缝：

（1）因主筋锈蚀或腐蚀，导致混凝土产生沿主筋方向开裂、保护层脱落或掉角，根据其实际严重程度评定为 c_u 级或 d_u 级构件；

（2）因温度、收缩等作用产生的裂缝，其宽度已比表6-8规定的弯曲裂缝宽度值超过50%，且分析表明已显著影响结构的受力，根据其实际严重程度评定为 c_u 级或 d_u 级构件；

（3）建于一般地基土上且已满2年以上的建筑物，因不均匀沉降导致上部结构的预制混凝土构件连接部位出现宽度大于1.0mm的沉降裂缝且沉降裂缝短期内无终止趋势，其地基基础安全性应评定为 C_u 级；

（4）建于一般地基土上且已满2年以上的建筑物，因不均匀沉降导致上部结构沉降裂缝发展显著，且尚无终止趋势，预制混凝土构件连接部位出现宽度大于3.0mm的沉降裂缝，现浇结构个别部位也已开始出现沉降裂缝，其地基基础安全性应评定为 D_u 级。

混凝土构件的典型非受力裂缝特征   表6-11

原因	一般裂缝特征	裂缝表现
框架结构一侧下沉过多	框架梁两端发生裂缝的方向相反（一端自上而下，另一端自下而上）；下沉柱上的梁柱接头处可能发生细微水平裂缝	 （下沉）

续表

原因	一般裂缝特征	裂缝表现
梁的混凝土收缩和温度变形	沿梁长度方向的腹部出现大体等间距的横向裂缝,中间宽、两头尖,呈枣核形,至上下纵向钢筋处消失,有时出现整个截面裂通的情况	
混凝土内钢筋锈蚀膨胀引起混凝土表面出现胀裂	形成沿钢筋方向的通长裂缝	
板的混凝土收缩和温度变形	沿板长度方向出现与板跨度方向一致的大体等间距的平行裂缝,有时板角出现斜裂缝	
混凝土浇筑速度过快	浇筑 1~2h 后在板与墙、梁,梁与柱交接部位的纵向裂缝	
水泥安定性不合格或混凝土搅拌. 运输时间过长,使水分蒸发,引起混凝土浇筑时坍落度过低;或阳光照射、养护不当	混凝土中出现不规则的网状裂缝	
混凝土初期养护时急骤干燥	混凝土与大气接触面上出现不规则的网状裂缝	类似本表(6)
用泵送混凝土施工时,为了保流动性,增加水和水泥用量,导致混凝土凝结硬化时收缩量增加	混凝土中出现不规则的网状裂缝	类似本表(6)

第7章 砌体结构工程检测

砌体结构工程检测可分为砌筑块材、砌筑砂浆、砌体力学性能、砌筑质量与构造、结构构件的损伤等项目检测；必要时可根据各项目的检测结果对砌体结构进行评定。上述项目的检测应执行现行国家标准《建筑结构检测技术标准》GB/T 50344 的有关规定。

7.1 砌体材料基本力学性能检测

砌体构件或材料的基本力学性能的现场检测主要是检测砌体的抗压、抗剪强度，或分别检测砌筑砂浆和块体的强度。

在本节中所列检测方法可分三类。第一类为直接测定砌体强度的方法，包括切割法、原位轴压法和扁顶法。以切割法最为准确，但砂浆强度很低时，不易切割出完整无损的试件；原位轴压法与扁顶法均受周边砌体的影响，虽经修正，但准确度略差，扁顶法更受变形条件限制。第二类为测定砂浆强度的方法，此类方法根据其测定强度的不同分为两小类。其一为直接测定通缝抗剪强度的方法，包括原位单剪法、原位单砖双剪法和推出法；其二为间接测定砂浆抗压强度的方法，包括筒压法、砂浆片剪切法、回弹法、砂浆片点荷法、射钉法等。上述方法中前三种如仅需用于得出通缝抗剪强度，则尚可应用，其中原位单剪法排除了墙体轴向压力的影响，较为准确，但对墙体损伤较大，检测准备时间也较长。若以通缝抗剪强度去换算砂浆抗压强度，则由于砂浆抗剪强度的离散性很大，与抗压强度的相关性较差，用它反推砂浆抗压强度，必然会带来较大的误差。在间接测定砂浆抗压强度的诸法中，目前以筒压法的误差较小一些。第三类为测定砖的抗压强度且评定其强度等级的方法，包括现场取样测定法和回弹法。两种方法均为现场取样，前者完全按砌墙砖试验方法进行试验，结果准确，后者检测则甚为麻烦，且结果准确性较前者差。

砌体构件或材料基本力学性能现场检测的方法较多，见表 7-1。

砌体构件或材料基本力学性能现场检测主要方法一览表　　表 7-1

序号	检测方法	特点	用途	限制条件
1	贯入法	1. 属原位无损检测，测区选择不受限制； 2. 检测设备有定型产品，性能稳定，操作简单； 3. 只需局部损伤检测部位的装修面层	检测砌体中砌筑砂浆强度	遵照现行 JGJ/T 136 相关规定执行
2	原位轴压法	1. 属原位检测，测试结果综合反映了材料质量和施工质量； 2. 测试结果直观可靠； 3. 属于局部破损检测，且设备较笨重	检测普通砖砌体的抗压强度	1. 槽间砌体每侧的墙体宽度不应小于 1.5m；测点宜选在墙体长度方向的中部； 2. 限用于 240mm 厚砖墙

续表

序号	检测方法	特点	用途	限制条件
3	砂浆回弹法	1. 属原位无损检测,测区选择不受限制; 2. 检测设备有定型产品,性能稳定,操作简单; 3. 只需局部损伤检测部位的装修面层	检测砌体中砌筑砂浆的强度	1. 不适用于砂浆强度小于2MPa的墙体; 2. 水平灰缝表面粗糙且难以磨平时,不得采用
4	烧结砖回弹法	1. 属原位无损检测,测区选择不受限制; 2. 检测设备有定型产品,性能稳定,操作简单; 3. 只需局部损伤检测部位的装修面层	检测烧结普通砖和烧结多孔砖墙体中的砖强度	适用范围限于 6 ～ 30MPa 的烧结普通砖和烧结多孔砖
5	扁顶法	1. 属原位检测,测试结果综合反映了材料质量和施工质量; 2. 设备较轻便,测试结果直观可靠; 3. 属于局部破损检测; 4. 砌体强度较高或轴向变形较大时,难以测出抗压强度	1. 检测普通砖砌体的抗压强度; 2. 测试古建筑或重要建筑的实际应力; 3. 测试具体工程的砌体弹性模量	1. 槽间砌体每侧的墙体宽度不应小于 1.5m;测点宜选在墙体长度方向的中部; 2. 不适用于测试墙体破坏荷载大于 400kN 的墙体
6	原位单剪法	1. 属原位检测,测试结果综合反映了材料质量和施工质量; 2. 测试结果直观可靠; 3. 检测部位有较大局部破损	检测各种砌体的抗剪强度	测点宜选在窗下墙部位,且承受反作用力的墙体应有足够的长度
7	原位双剪法	1. 属原位检测,测试结果综合反映了材料质量和施工质量; 2. 测试结果直观可靠; 3. 设备较轻便; 4. 属于局部破损检测	检测烧结普通砖和烧结多孔砖砌体的抗剪强度	—
8	筒压法	1. 仅需利用一般混凝土试验室常用设备; 2. 属取样检测,取样部位存在局部损伤	检测烧结普通砖和烧结多孔砖墙体中的砂浆强度	—
9	推出法	1. 属原位检测,测试结果综合反映了材料质量和施工质量; 2. 设备较轻便; 3. 属于局部破损检测	检测烧结普通砖、烧结多孔砖、蒸压灰砂砖或蒸压粉煤灰砖墙体的砂浆强度	当水平灰缝的砂浆饱满度低于65％时,不宜选用
10	砂浆片剪切法	1. 属取样检测,取样部位存在局部损伤; 2. 设备较轻便; 3. 测试工作较简便	检测烧结普通砖和烧结多孔砖墙体中的砂浆强度	—

序号	检测方法	特点	用途	限制条件
11	点荷法	1. 属取样检测，取样部位存在局部损伤； 2. 设备较轻便； 3. 测试工作较简便	检测烧结普通砖和烧结多孔砖墙体中的砂浆强度	不适用于强度低于2MPa的砂浆
12	切制试件法	1. 属原位检测，测试结果综合反映了材料质量和施工质量； 2. 试件尺寸与标准试件相同，直观性、可比性较强； 3. 设备较笨重，现场取样时有水污染； 4. 取样部位有较大局部破损，且需切割、搬运试件； 5. 检测结果不需换算	1. 检测普通砖和多孔砖砌体的抗压强度； 2. 可检测火灾、环境侵蚀后的砌体剩余抗压强度	取样部位每侧的墙体宽度不应小于1.5m；且应为墙体长度方向的中部或受力较小处

7.1.1　抽样要求

对需要进行各项强度指标检测的建筑物，应根据调查结果和确定的检测目的、内容和范围，选择一种或多种检测方法。对被检工程划分检测单元，并确定测区和测点数。

1. 当检测对象为整栋建筑物或建筑物的一部分时，应将其划分为一个或若干个可以独立进行分析的结构单元，每一结构单元划分为若干个检测单元。

2. 每一检测单元内，应随机选择 6 个构件，作为 6 个测区。当一个检测单元不足 6 个构件时，应将每个构件作为一个测区。对贯入法，每一检测单元抽检数量不应少于砌体总构件数的 30%，且不少于 6 个构件。

3. 每一测区应随机布置若干测点。各种检测方法的测点数量，应符合：（1）原位轴压法、扁顶法、原位单剪法、筒压法的测点数量不应少于 1 个；（2）回弹法、贯入法（回弹法和贯入法的测位相当于其他检测方法的测点）、原位单砖双剪法、推出法、砂浆片剪切法、点荷法、射钉法的测点数量不应少于 5 个。

7.1.2　主要检测依据

《砌体工程现场检测技术标准》GB/T 50315。

《贯入法检测砌筑砂浆抗压强度技术规程》JGJ/T 136。

7.1.3　各种检测方法介绍

1. 贯入法

(1) 仪器设备

测试设备：贯入仪、贯入深度测量表。

技术指标：贯入仪、贯入深度测量表每年至少校准一次。贯入仪应满足：贯入力应为 $800\pm8N$、工作行程应为 $20\pm0.10mm$；贯入深度测量表应满足：最大量程应为 $20\pm0.02mm$、分度值应为 0.01mm。测钉长度应为 $40\pm0.10mm$，直径应为 3.5mm，尖端锥度应为 45°，测钉量规的量规槽长度应为 $39.5\pm^{0.10}_{0}$ mm，贯入仪使用时的环境温度应为—4～40℃。

(2) 待测构件要求

1) 贯入法适用于检测自然养护、龄期不小于 28d、自然风干状态、强度为 0.4～16.0MPa 的砌筑砂浆。

2) 检测砌筑砂浆的强度时，以面积不大于 25m² 的砌体为一个构件。被检测灰缝应饱满，其厚度不应小于 7mm，并应避开竖缝位置、门窗洞口、后砌洞口和预埋件的边缘。多孔砖砌体和空斗墙砌体的灰缝水平深度应不小于 30mm。

3) 每一构件应测试 16 点。测点应均匀分布在构件的水平灰缝上，相邻测点的水平间距不小于 240mm，每条灰缝上的测点不宜多于 2 点。

4) 检测范围内的饰面层、粉刷层、勾缝砂浆、浮浆以及表面损伤层等，应清除干净；应使待测灰缝砂浆暴露并经打磨平整后再进行检测。

(3) 操作步骤

1) 试验前先清除测钉上附着的水泥灰渣等杂物，同时用测钉量规检验测钉长度；如果测钉能够通过测钉量规，应重新选用新的测钉。

2) 将测钉插入贯入杆的测钉座中，测钉尖端朝外，固定好测钉；用摇柄旋紧螺母，直至挂钩挂上为止，然后将螺母退至贯入杆顶端；将贯入仪扁头对准灰缝中间，并垂直贴在被测砌体灰缝砂浆的表面，握住贯入仪把手，扳动扳机，将测钉贯入被测砂浆中。当测点处的灰缝砂浆存在空洞或测孔周围砂浆不完整时，该测点应作废，另选测点补测。

3) 贯入深度的测量应按下列程序进行操作：

① 将测钉拔出，用吹风器将测孔中的粉尘吹干净；

② 将贯入深度测量表扁头对准灰缝，同时将测头插入测孔中，并保持测量表垂直于被测砌体灰缝砂浆表面，从表盘中读取测量表显示值 d'_i，贯入深度按下式计算：

$$d_i=20.00-d'_i \tag{7-1}$$

式中　d'_i——第 i 个测点贯入深度测量表读数，精确至 0.01mm；

　　　d_i——第 i 个测点贯入深度值，精确至 0.01mm。

4) 直接读数不方便时，可用锁紧螺钉锁定测头，然后取下贯入深度测量表读数。

5) 当砌体的灰缝经打磨仍难以达到平整时，可在测点处标记，贯入检测前用贯入深度测量表测读测点处的砂浆表面不平整度读数 d^0_i，然后再在测点处进行贯入检测，读取 d'_i，则贯入深度取 $d^0_i-d'_i$。

(4) 数据处理

1) 检测数据中，应将 16 个贯入深度值中的 3 个较大值和 3 个较小值剔除，余下的 10 个贯入深度值取平均值。

2) 根据计算所得的构件贯入深度平均值，按不同的砂浆品种由《贯入法检测砌筑砂浆抗压强度技术规程》JGJ/T 136 附录 D 查得其砂浆的抗压强度换算值。

3) 在采用《贯入法检测砌筑砂浆抗压强度技术规程》JGJ/T 136 附录 D 的砂浆抗压强度换算表时，应先进行检测误差验证试验，试验方法可按照规程附录 E 的要求进行，试验数量和范围应按检测的对象确定，其检测误差应满足规程 E.0.10 条的规定，否则应按规程附录 E 的要求建立专用测强曲线。

4）按批抽检时，同批构件砂浆应按下列公式计算其强度平均值和变异系数：

$$\mu_f = \frac{1}{n_2} \sum_{i=1}^{n_2} f_{2i} \tag{7-2}$$

$$s = \sqrt{\frac{\sum (\mu_f - f_{2i})^2}{n_2 - 1}} \tag{7-3}$$

$$\delta = \frac{s}{\mu_f} \tag{7-4}$$

式中　μ_f——同一检测单元的砂浆强度平均值（MPa）；

　　　n_2——同一检测单元的测区数；

　　　f_{2i}——第 i 个测区的砂浆强度代表值（MPa）；

　　　s——按 n_2 个测区计算的砂浆强度标准差（MPa）；

　　　δ——同一检测单元的砂浆强度变异系数。

[**案例 7-1**] 某烧结普通砖砌体结构住宅楼主体施工完毕，建设单位要求检测一层砌筑砂浆强度，现场调查，砌筑砂浆为混合砂浆，设计强度等级为 M7.5，采用符合国家标准的 R32.5 普通硅酸盐水泥，中砂，自然养护，龄期 4 个月，层高为 3300mm。为减少对结构的损伤，确定采用贯入法检测。原始记录见表 7-2，计算砌筑砂浆贯入深度平均值 Md_j。依据《贯入法检测砌筑砂浆强度技术规程》JGJ/T 136—2017。

贯入法检测砌筑砂浆原始数据表　　　　　　　　　　表 7-2

测区编号	1	2	3	4	5	6	7	8
不平整度	2.97	2.91	2.54	0.94	2.36	2.00	0.65	1.23
贯入读数	3.16	9.34	9.30	10.12	12.00	11.02	11.70	6.36
测区编号	9	10	11	12	13	14	15	16
不平整度	1.28	2.99	1.64	2.38	1.20	2.42	1.78	2.59
贯入读数	7.11	11.21	9.77	7.76	8.29	10.47	10.39	8.64

[**解**] （1）贯入深度值计算：$d_i = 20.00 - d_i'$

测区编号	1	2	3	4	5	6	7	8
贯入深度值	0.19	6.43	6.76	9.18	9.64	9.02	11.05	5.13
测区编号	9	10	11	12	13	14	15	16
贯入深度值	5.83	8.22	8.13	5.38	7.09	8.05	8.61	6.05

（2）数据剔除

剔除 3 个最大值和 3 个最小值，余下 10 个贯入深度值分别为：5.83、6.05、6.43、6.76、7.09、8.05、8.13、8.22、8.61、9.02

（3）余下 10 个数值贯入深度平均值

$Md_j = 1/10\ (5.83 + 6.05 + 6.43 + 6.76 + 7.09 + 8.05 + 8.13 + 8.22 + 8.61 + 9.02) = 7.42$

（4）查表计算该砌筑砂浆的强度

2. 原位轴压法

（1）仪器设备

测试设备：原位压力机

技术指标：原位压力机力值，每半年应校验一次，其主要技术指标见表 7-3。

原位压力机主要技术指标　　　　　表 7-3

项　　目	指　　标	
	450 型	600 型
额定压力(kN)	400	500
极限压力(kN)	450	600
额定行程(mm)	15	15
极限行程(mm)	20	20
示值相对误差(%)	±3	±3

(2) 待测构件要求

1) 原位轴压法适用于推定 240mm 厚普通砖砌体的抗压强度。原位压力机的工作状况图见图 7-1。

2) 测试部位应具有代表性，并应符合下列规定：

① 测试部位应选择在墙体中部，距楼（地）面 1m 左右的高度处，槽间砌体每侧的墙体宽度不应小于 1.5m。

② 同一墙体上，测点数不宜多于 1 个，且宜选在沿墙体长度的中间部位；多于 1 个时，其水平间距不得小于 2.0m。

③ 测试部位不得选在挑梁下、应力集中部位以及墙梁的墙体计算范围内。

(3) 操作步骤

1) 在选定的测点处开凿水平槽孔时，应遵守下列规定：

① 上水平槽的尺寸（长度×宽度×高度）为 250mm×240mm×70mm；使用 450 型压力机时下水平槽的尺寸为 250mm×240mm×70mm，使用 600 型压力机时下水平槽的尺寸为 250mm×240mm×140mm。

② 上、下水平槽孔应对齐，两槽之间应间隔 7 皮砖，约 430mm。

③ 开槽时应避免扰动四周砌体；槽间砌体的承压面应整修平整。

2) 在槽孔间安放原位压力机时，应符合下列规定：

① 分别在上槽孔的下表面和扁式千斤顶的顶面，均匀铺设湿细砂或石膏等材料的垫层，厚度约为 10mm。

② 将反力板安装在上槽孔，扁式千斤顶置于下槽孔，安放 4 根钢拉杆，使两个承压板上下对齐后，拧紧螺母并调整其平行度；4 根钢拉杆的上下螺母间的净距误差不应大于 2mm。

③ 先试加荷载，试加荷载值取预估破坏荷载值的 10%，检查测试系统的灵活性和可靠性，以及上下承压板和砌体受压面是否均匀密实。经试加荷载，

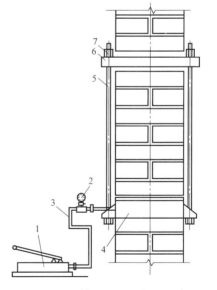

图 7-1　原位轴压法工作状况示意图

1—手动油泵；2—油压表；3—高压油管；4—扁顶；5—拉杆（共 4 根）；6—反力板；7—螺母

测试系统正常后卸荷，开始正式测试。

3）正式测试时，记录油压表读数，然后分级加载。每级荷载取预估破坏荷载值的10%，并应在1～1.5min内均匀加荷完成，并恒载2min。加荷至预估破坏荷载值的80%后，应按原定加荷速率连续加载，直至槽间砌体破坏。当槽间砌体裂缝急剧扩展和增多，油压表指针明显回退时，槽间砌体达到极限状态。

4）测试过程中，如发现上、下压板与砌体承压面接触不良，使槽间砌体呈局部受压或偏心受压，应停止试验。此时应调整试验装置，重新试验，无法调整时应更换测点。

5）试验过程中，应仔细观察槽间砌体初始裂缝及裂缝开展情况，记录逐级荷载下的油压表读数、测点位置、裂缝随荷载变化的情况简图等。

(4) 数据处理

1）根据槽间砌体初始开裂和破坏时的油压表读数，分别减去油压表的初始读数，按原位压力机的校验结果，计算槽间砌体的初裂荷载值与破坏荷载值。

2）槽间砌体的抗压强度，应按下式计算：

$$f_{uij} = N_{uij} / A_{uij} \tag{7-5}$$

式中　f_{uij}——第 i 个测区第 j 个测点槽间砌体的抗压强度（MPa）；

　　　N_{uij}——第 i 个测区第 j 个测点槽间砌体的受压破坏荷载值（N）；

　　　A_{uij}——第 i 个测区第 j 个测点槽间砌体的受压面积（mm^2）。

3）槽间砌体抗压强度换算为标准砌体的抗压强度，按公式（7-6）、式（7-7）计算：

$$f_{mij} = f_{uij} / \xi_{1ij} \tag{7-6}$$

$$\xi_{1ij} = 1.25 + 0.60\sigma_{0ij} \tag{7-7}$$

式中　f_{mij}——第 i 个测区第 j 个测点的标准砌体抗压强度换算值（MPa）；

　　　ξ_{1ij}——原位轴压法的无量纲的强度换算系数；

　　　σ_{0ij}——第 i 个测区第 j 个测点的上部墙体即有压应力（MPa），其值可按墙体实际所承受的荷载标准值进行计算。

4）测区的砌体抗压强度平均值按式（7-8）进行计算：

$$f_{mi} = \frac{1}{n_1} \sum_{j=1}^{n_1} f_{mij} \tag{7-8}$$

式中　f_{mi}——第 i 个测区的砌体抗压强度平均值（MPa）；

　　　n_1——测区的测点数。

[案例 7-2] 某教学楼为 5 层的砖混结构，采用 MU10 标砖和 M5 混合砂浆砌筑，墙体厚度为 240mm。主体结构竣工后发现 3 层墙的砂浆强度不满足设计要求，现场采用原位轴压法检测砌体实际抗压强度，以确定其是否满足承载力要求。在 3 层墙中随机抽取 6 面墙体，其槽间砌体抗压强度分别为：10.0MPa、8.0 MPa、13.0 MPa、9.5 MPa、12.0 MPa、9.0 MPa，假设各测点上部墙体压应力均为 0.1MPa，试计算该楼层砌体抗压强度标准值。（提示：$\xi = 1.25 + 0.60\sigma_0$）

[解]　（1）砌体抗压强度换算为标准砌体抗压强度

$\xi = 1.25 + 0.60\sigma_0 = 1.25 + 0.6 \times 0.1 = 1.31$

$f_1 = 10.0 / 1.31 = 7.63$

$f_2 = 8.0 / 1.31 = 6.11$

$f_3 = 13.0/1.31 = 9.92$

$f_4 = 9.5/1.31 = 7.25$

$f_5 = 12.0/1.31 = 9.16$

$f_6 = 9.0/1.31 = 7.33$

（2）砌体抗压强度参数统计

$$f_m = \frac{\sum_{i=1}^{n_2} f_i}{n} = \frac{7.63 + 6.11 + 9.92 + 7.25 + 9.16 + 7.33}{6} = 7.90$$

$$s = \sqrt{\frac{\sum_{i=1}^{n_2}(f_m - f_i)^2}{n-1}} = \sqrt{\frac{0.27^2 + 1.79^2 + (-2.02)^2 + 0.65^2 + (-1.26)^2 + 0.57^2}{5}}$$

$$= 1.94$$

$$\delta = \frac{s}{f_m} = 0.25$$

（3）强度取值

变异系数为 0.25，大于 0.2，按最小值评定。即 $f_k = f_{i,min} = 6.11$ MPa，该楼层砌体抗压强度标准值为 6.11MPa。

3. 砂浆回弹法

（1）仪器设备

测试设备：砂浆回弹仪。

技术指标：砂浆回弹仪应每半年校验一次；在工程检测前后，均应对回弹仪在钢砧上做率定校验；砂浆回弹仪的主要技术性能指标见表 7-4。

砂浆回弹仪的主要技术性能指标　　　　　表 7-4

项　　目	指　　标
冲击动能(J)	0.196
弹击锤冲程(mm)	75
指针滑块的静摩擦力(N)	0.5±0.1
弹击杆端面曲率半径(mm)	25
在钢砧上率定的平均回弹值	74±2
外形尺寸(mm)	$\phi 60 \times 280$

（2）待测构件要求

1）回弹法适用于推定普通砖砌体中的砌筑砂浆强度；不适用于推定高温、长期浸水、化学侵蚀、火灾等情况下的砂浆抗压强度。

2）测位宜选择在承重墙的可测面上，并避开门窗洞口及预埋件等附近的墙体。墙面上每个测位的面积宜大于 0.3m^2。

（3）操作步骤

1）测位处的粉刷层、勾缝砂浆、污物等应清除干净；弹击点处的砂浆表面，应仔细打磨平整，并除去灰尘。

2）每个测位内均匀布置 12 个弹击点。选定弹击点应避开砖的边缘、气孔或松动的砂浆。相邻两弹击点的间距不应小于 20mm。

3）在每个弹击点上，使用回弹仪连续弹击 3 次，第 1、2 次不读数，仅记录第 3 次回弹值，精确至 1 个刻度。在测试过程中，回弹仪应始终处于水平状态，其轴线应垂直于被测砂浆表面，且不得移位。

4）在每一测位内，选择 1~3 处灰缝，用游标卡尺和 1% 的酚酞试剂测量砂浆碳化深度，读数应精确至 0.45mm。

（4）数据处理

1）从每个测位的 12 个回弹值中，分别剔除最大值和最小值，将剩余的 10 个回弹值计算算数平均值，以 R 表示。

2）每个测位的平均碳化深度，应取该测位各次测量值的算术平均值，以 d 表示，精确至 0.5mm。当 $d>3$mm 时，取 $d=3$mm。

3）第 i 个测区第 j 个测位的砂浆强度换算值，应根据该测位的平均回弹值和平均碳化深度值，分别按下列公式计算：

① $d \leqslant 1.0$mm 时：$\qquad f_{2ij}=13.97 \times 10^{-5} R^{3.57}$ （7-9）

② $1.0 < d < 3.0$mm 时：$\qquad f_{2ij}=4.85 \times 10^{-4} R^{3.04}$ （7-10）

③ $d \geqslant 3.0$mm 时：$\qquad f_{2ij}=6.34 \times 10^{-5} R^{3.06}$ （7-11）

式中　f_{2ij}——第 i 个测区第 j 个测位的砂浆强度值（MPa）；

　　　d——第 i 个测区第 j 个测位的砂浆平均碳化深度值（mm）；

　　　R——第 i 个测区第 j 个测位的砂浆平均回弹值。

4）测区的砂浆抗压强度平均值按下式计算：

$$f_{2i}=\frac{1}{n_1} \sum_{j=1}^{n_1} f_{2ij}$$ （7-12）

式中　f_{2i}——第 i 个测区的砂浆抗压强度平均值（MPa）；

　　　n_1——第 i 个测区的测位数。

4. 烧结砖回弹法

（1）仪器设备

测试设备：砖回弹仪。

技术指标：砖回弹仪应每年校验一次；在工程检测前后，均应对回弹仪在钢砧上做率定校验；砖回弹仪的主要技术性能指标见表 7-5。

砖回弹仪的主要技术性能指标　　　　　　　　　　　　表 7-5

项目	指标
冲击动能(J)	0.735
指针滑块的静摩擦力(N)	0.5±0.1
弹击杆端面曲率半径(mm)	25
在钢砧上率定的平均回弹值	74±2

（2）待测试件要求

1）回弹法适用于测试已用于墙体上的烧结普通砖的强度。当对评定结果有争议时，可取砖样按《砌墙砖试验方法》GB/T 2542 和《烧结普通砖》GB 5101 进行仲裁检验。

2）每个检测单元应随机选择 10 个测区，每个测区的面积不宜小于 1.0m²，应在其中随机选择 10 块条面向外的砖作为 10 个测位供回弹测试。选择的砖与砖墙边缘的距离应大于 250mm。

3）所抽取的砖样有下列情况之一时，应抽取与其相邻的一块砖样来替补：①欠火砖、酥砖和螺旋纹砖；②外观质量不合格的砖；③因焦化而无法测够 5 个回弹值的砖。

4）遇下列情况时应在测试前予以处理：①遇雨淋或水泡，应进行烤干处理；②砖样表面不平整时，应打磨平整，并用毛刷除去粉尘。

(3) 操作步骤

在每块砖的测面上均匀布置 5 个弹击点。选定弹击点应避开砖表面的缺陷；相邻两弹击点间的距离不应小于 20mm，每一点应只弹击一次，回弹值读数估读至 1。测试时，回弹仪应处于水平状态，其轴线应垂直于砖的测面。

(4) 数据处理

1）单个测位的回弹值，应取 5 个弹击点回弹值的平均值。

2）第 i 测区第 j 测位的抗压强度换算值，应按式（7-13）、式（7-14）计算：

① 烧结普通砖：
$$f_{1ij} = 2 \times 10^{-2} R^2 - 0.45R + 1.25 \tag{7-13}$$

② 烧结多孔砖：
$$f_{1ij} = 1.70 \times 10^{-3} R^{2.48} \tag{7-14}$$

式中　f_{1ij}——第 i 个测区第 j 个测位的砖抗压强度换算值（MPa）；

　　　R——第 i 个测区第 j 个测位的砖平均回弹值。

3）测区的砖抗压强度平均值按式（7-15）计算：

$$f_{1i} = \frac{1}{10} \sum_{j=1}^{n_1} f_{1ij} \tag{7-15}$$

式中　f_{1i}——第 i 个测区的砖抗压强度平均值（MPa）；

　　　n_1——第 i 个测区的测位数。

5. 扁顶法

(1) 仪器设备

测试设备：扁顶、手持式应变仪和千分表。

技术指标：扁顶由 1mm 厚合金钢板焊接而成，总厚度为 5～7mm。对 240mm 厚的墙体，选用大面尺寸分别为 250mm×250mm 或 250mm×380mm 的扁顶；对 370mm 厚的墙体，选用大面尺寸分别为 380mm×380mm 或 380mm×500mm 的扁顶。每次使用前，应校验扁顶的力值。扁顶及手持式应变仪的主要技术指标见表 7-6。

扁顶及手持式应变仪的主要技术指标一览表　　　　表 7-6

设备名称	项目	指标
扁顶	额定压力(kN)	400
	极限压力(kN)	480
	额定行程(mm)	10
	极限行程(mm)	15
	示值相对误差(%)	±3
手持式应变仪	行程(mm)	1～3
	分辨率(mm)	0.001

（2）待测构件要求

1）扁顶法适用于推定普通砖砌体的受压工作应力、弹性模量和抗压强度。其工作状况示意图如图 7-2 所示。

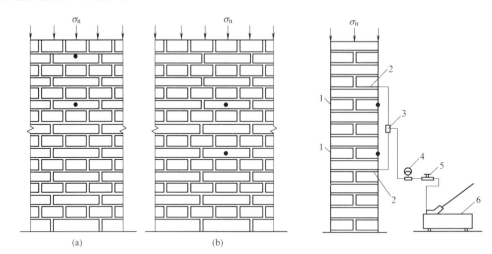

图 7-2 扁顶法测试装置与变形测点布置示意图

（a）测试受压工作压力；（b）测试弹性模量、抗压强度

1—变形测量脚标（两对）；2—扁顶；3—三通接头；4—油压表；5—溢流阀；6—手动油泵

2）测试部位布置要求与原位轴压法相同。

（3）操作步骤

1）实测墙体的受压工作压力时，应符合下列要求。

① 在选定的墙体上，标出水平槽位置并牢固粘贴两对变形测量脚标。脚标应位于水平槽正中并跨越水平槽；脚标之间的标距应间隔四皮砖，宜取 250mm。测试前应记录标距值，精确至 0.1mm。

② 使用手持式应变仪或千分表在脚标上测量砌体变形的初读数，应测量 3 次，并取其平均值。

③ 在标出水平槽位置处，剔除水平灰缝内的砂浆。水平槽的尺寸应略大于扁顶尺寸。开凿时不应损伤测点部位的墙体及变形测量脚标。应清理平整水平槽的四周，除去灰尘。

④ 使用手持式应变仪或千分表在脚标上测量开槽后的砌体变形值，待读数稳定后方可进行下一步的试验工作。

⑤ 在槽内安装扁顶，扁顶上下两面宜垫尺寸相同的钢垫板，并连接试验油路。

⑥ 正式测试前，应进行试加荷载试验，试加荷载值可取预估破坏荷载值的 10%。检查测试系统的灵活性和可靠性。

⑦ 正式测试时，应分级加载。每级荷载应为预估破坏荷载值的 5%，并应在 1.5～2min 内均匀加载完成，恒载 2min 后测读变形值。当变形值接近开槽前的读数时，应适当减小加荷级差，直至实测变形值达到开槽前的读数然后卸载。

2）实测墙内砌体抗压强度或弹性模量时，应符合下列要求。

① 在完成墙体的受压应力测试后，开凿第二条水平槽，上、下槽应互相平行且对齐。

当选用 250mm×280mm 的扁顶时，两槽之间相隔 7 皮砖，净距宜取 430mm；当选用其他尺寸的扁顶时，两槽之间相隔 8 皮砖，净距宜取 490mm。若遇灰缝不规则或砂浆强度较高而难以凿槽的情况，可以在槽孔处取出 1 皮砖，安装扁顶时采用钢制楔形垫块调整其间隙。

② 槽内安装扁顶，扁顶上下宜垫尺寸相同的钢垫板，并连接试验油路。

③ 正式测试前，应进行试加荷载试验，试加荷载值可取预估破坏荷载值的 10%。检查测试系统的灵活性和可靠性。

④ 正式测试时，记录油压表初读数，然后分级加载。每级荷载应为预估破坏荷载值的 10%，并应在 1.5～2min 内均匀加载完成，恒载 2min。加荷至预估破坏荷载值的 80% 后，按原定加荷速率连续加载，直至砌体破坏。

⑤ 当需要测定砌体受压弹性模量时，应在槽间砌体两侧各粘贴一对变形测量脚标，脚标应位于槽间砌体的中部，脚标之间相隔 4 条灰缝，净距宜取 250mm，如图 7-2（b）。试验前应记录标距值，精确至 0.1mm。按上述加荷方法进行试验，测记各级荷载下的变形值，加荷的应力上限不宜大于槽间砌体极限抗压强度的 50%。

⑥ 当槽间砌体上部压应力小于 0.2MPa 时，应加设反力平衡架，方可进行试验。反力平衡架可由两块反力板和 4 根钢拉杆组成，如图 7-1 之 5、6。

3）试验记录内容用包含描绘测点布置图、墙体砌筑方式、扁顶位置、脚标位置、轴向变形值、逐级荷载下的油压表读数、裂缝随荷载变化情况简图等。

(4) 数据处理

1）根据扁顶的校验结果，将油压表读数转换为力值。

2）根据试验结果，应按现行国家标准《砌体基本力学性能试验方法标准》GB/T 50129 的方法，计算砌体在有侧向约束的情况下的弹性模量；当换算为标准砌体弹性模量时，计算结果应乘以 0.85。墙体的受压工作应力，等于实测变形值达到开凿前的读数时所对应的应力值。

3）槽间砌体的抗压强度，应按式（7-16）进行计算：

$$f_{uij} = N_{uij} / A_{uij} \tag{7-16}$$

式中　f_{uij}——第 i 个测区第 j 个测点槽间砌体的抗压强度（MPa）；

N_{uij}——第 i 个测区第 j 个测点槽间砌体的受压破坏荷载值（N）；

A_{uij}——第 i 个测区第 j 个测点槽间砌体的受压面积（mm²）。

4）槽间砌体抗压强度换算为标准砌体抗压强度，应按式（7-17）、式（7-18）计算：

$$f_{mij} = f_{uij} / \xi_{2ij} \tag{7-17}$$

$$\xi_{2ij} = 1.18 + 4\frac{\sigma_{0ij}}{f_{uij}} - 4.18\left(\frac{\sigma_{0ij}}{f_{uij}}\right)^2 \tag{7-18}$$

式中　f_{mij}——第 i 个测区第 j 个测点的标准砌体抗压强度换算值（MPa）；

ξ_{2ij}——扁顶法的无量纲的强度换算系数；

σ_{0ij}——第 i 个测区第 j 个测点的上部墙体即有压应力（MPa），其值可按墙体实际所承受的荷载标准值进行计算。

5）测区的砌体抗压强度平均值，应按式（7-19）计算：

$$f_{\mathrm{m}i} = \frac{1}{n_1} \sum_{j=1}^{n_1} f_{\mathrm{m}ij}$$

(7-19)

式中　$f_{\mathrm{m}i}$——第 i 个测区的砌体抗压强度平均值（MPa）；

　　　　n_1——第 i 个测区的测点数。

6. 原位单剪法

（1）仪器设备

测试设备：螺旋千斤顶、卧式液压千斤顶、荷载传感器和数字荷载表等。

技术指标：试件的预估破坏荷载值应在千斤顶、传感器最大测量值的 20%～80% 之间；检测前应标定荷载传感器和数字荷载表，其示值相对误差不应超过 3%。

（2）试件制备要求

1）原位单剪法适用于推定砌体沿灰缝截面的抗剪强度，试件具体尺寸应符合图 7-3 的要求。

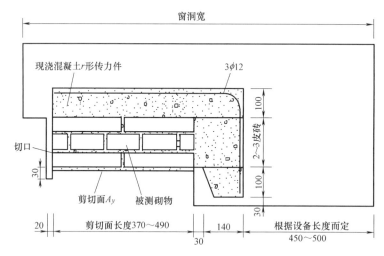

图 7-3　原位单剪法示意图

2）测试部位宜选在窗洞口或其他洞口以下 3 皮砖范围内；试件加工过程中，应避免扰动被测灰缝。

（3）操作步骤

1）在选定的墙体上，采用振动较小的工具加工切口、现浇钢筋混凝土传力件，如图 7-4 所示。

2）测量被测灰缝的受剪截面尺寸，精确至 1mm。

3）安装千斤顶及测试仪表，千斤顶的加荷轴线应与被测灰缝顶面对齐，如图 7-4 所示。

4）匀速施加水平荷载，并控制试件在 2～5min 内破坏。当试件沿受剪截面滑动、千斤顶开始卸荷时，即判定试件达到破坏状态，此时记录破坏荷载值，结束试验。在预定剪切面（灰缝）破坏，则此次试验有效。

5）加荷试验结束后，翻转已破坏的试件，检查剪切面破坏特征及砌体砌筑质量，并详细记录。

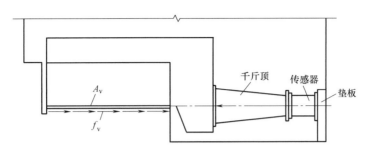

图 7-4　原位单剪法测试装置安装示意图

（4）数据处理

1）根据测试仪表的校验结果，进行荷载换算，精确至 10N。

2）根据试件的破坏荷载和受剪面积，按式（7-20）计算砌体沿灰缝截面的抗剪强度（MPa）：

$$f_{vij} = N_{vij}/A_{vij} \tag{7-20}$$

式中　f_{vij}——第 i 个测区第 j 个测点砌体沿通缝截面的抗剪强度（MPa）；

N_{vij}——第 i 个测区第 j 个测点的抗剪破坏荷载值（N）；

A_{vij}——第 i 个测区第 j 个测点受剪面积（mm²）。

3）测区砌体沿灰缝截面的抗剪强度平均值，应按式（7-21）计算：

$$f_{mi} = \frac{1}{n}\sum_{j=1}^{n} f_{vij} \tag{7-21}$$

式中　f_{mi}——第 i 个测区砌体沿灰缝截面的抗剪强度平均值（MPa）；

n——第 i 个测区的测点数。

7. 原位双剪法

（1）仪器设备

测试设备：成套的原位剪切仪设备，如图 7-5 所示。

技术指标：原位剪切仪应每年校验一次，主要技术指标应符合表 7-7 的要求。

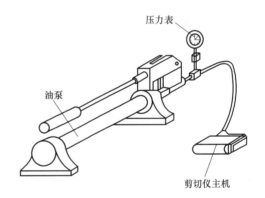

图 7-5　原位剪切仪示意图

原位剪切仪主要技术指标　　　　　　　　　　　表 7-7

项目	技术指标	
	75 型	150 型
额定推力(kN)	75	150
相对测量范围(%)	20～80	
额定行程(mm)	＞20	
示值相对误差	±3	

（2）试件制备要求

1）原位单砖双剪法适用于推定烧结普通砖和烧结多孔砖砌体沿灰缝截面的抗剪强度，

其工作状态如图 7-6 所示。

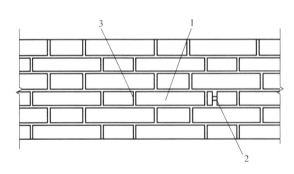

图 7-6　原位单剪法示意图

1—剪切试件；2—剪切仪主机；3—掏空的竖缝

2）原位双剪试验可在有上部垂直荷载产生的压应力 σ_0 作用下进行，也可采用释放上部压应力 σ_0 的试验方案。

3）测点在测区内的分布，应符合下列规定：①每个测区随机布置的测点，在墙体两面的数量宜接近或相等，以一块完整的顺砖和上、下两条水平灰缝为一个测点（试件）。②下列部位不应布置测点：门、窗洞口侧边；后补的施工洞口和修补的砌体；独立砖柱和窗间墙。

(3) 操作步骤

1）同一设计强度等级砌筑单位为一个检测单元，每个检测单元应布置不少于 6 个测区，每个测区布置不少于 5 个测点。

2）当采用带上部压应力 σ_0 方案时，按图 7-7 的要求，将剪切试件 1 相邻一端的一块掏出，清除四周的灰缝，制备出安放剪切仪主机 2 的孔洞，截面尺寸不得小于 115mm×65mm，孔洞应位于离砌体侧边的远端；掏空、清除剪切试件 1 另一端的竖缝 3。

3）当释放上部压应力 σ_0 时，应按图 7-7 所示，掏空灰缝 4，掏空范围由剪切试件 1 的两端向上 45°角扩散，掏空长度应大于 620mm，深度大于 240mm。

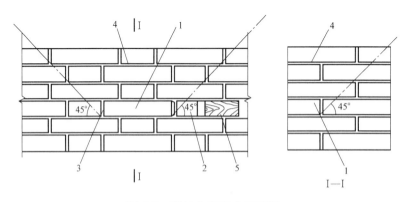

图 7-7　释放上部应力示意图

1—剪切试件；2—剪切仪主机；3—掏空竖缝；4—掏空水平缝；5—垫块

4）试件两端的灰缝应清理干净。清理过程中，不得扰动试件；若发现被推砖块有明显缺棱掉角或上、下灰缝有明显松动现象时，应舍去该试件。

5）将剪切仪主机 2 放入开凿好的孔洞中，使仪器的承压板与试件的砖块顶面重合，仪器轴线与砖轴线吻合。

6）操作剪切仪，缓慢平稳地对试件加荷，直至试件和砌体之间发生相对位移。试件加荷宜在 1～3min 内完成。

7）记录试件破坏时剪切仪测力计的最大读数，精确至 0.1 个分度值。

（4）数据处理

1）根据测试仪表的校验结果，进行荷载换算，精确至 10N。

2）根据试件的破坏荷载和受剪面积，按下式计算砌体沿灰缝截面的抗剪强度（MPa）：

$$f_{vij} = \frac{0.64N_{vij}}{2A_{vij}} - 0.7\sigma_{0ij} \tag{7-22}$$

式中　f_{vij}——第 i 个测区第 j 个测点砌体沿通缝截面的抗剪强度（MPa）；

N_{vij}——第 i 个测区第 j 个测点剪破坏荷载值（N）；

A_{vij}——第 i 个测区第 j 个测点单个受剪截面面积（mm²）。

8. 筒压法

（1）仪器设备

测试设备：承压筒、压力试验机或万能试验机、摇筛机、干燥箱、标准砂石筛、水泥跳桌、托盘天平。

技术指标：压力试验机或万能试验机 50～100kN；标准砂石筛（包括筛盖和底盘）的孔径为 5mm、10mm、15mm；托盘天平的称量为 1000g、感量为 0.1g。

（2）制备要求

1）筒压法适用于推定砌体中的砌筑砂浆强度；不适用于推定遭受火灾、化学侵蚀等砌筑砂浆的强度。筒压法的承压筒构造如图 7-8 所示。

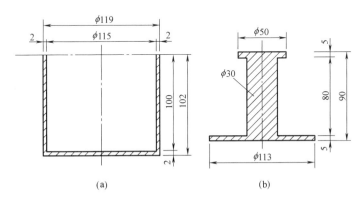

图 7-8　承压筒构造剖面示意图
（a）承压筒剖面；（b）承压盖剖面

2）筒压法所测试的砂浆品种及其强度范围，应符合下列要求：

① 中、细砂配制的水泥砂浆，砂浆强度为 2.5～20.0MPa；

② 中、细砂配制的水泥石灰混合砂浆（以下简称混合砂浆），砂浆强度为

2.5～15.0MPa；

③ 中、细砂配制的水泥粉煤灰砂浆（以下简称粉煤灰砂浆），砂浆强度为2.5～20.0MPa；

④ 石灰质石粉砂与中、细砂混合配制的水泥石灰混合砂浆和水泥砂浆（以下简称石粉砂浆），砂浆强度为 2.5～20.0MPa。

（3）操作步骤

1）在每一测区，从距墙体表面 20mm 以内水平灰缝中凿取砂浆约 4000g，砂浆片（块）的最小厚度不得小于 5mm。各测区的砂浆样品应分别放置并编号，不得混淆。

2）使用手锤击碎样品，筛取 5～15mm 的砂浆颗粒约 3000g，在（105±5）℃的温度下烘干至恒重，冷却至室温后备用。

3）每次取烘干样品约 1000g，置于孔径为 5mm、10mm、15mm 的标准筛组成的套筛中，机械摇筛 2min 或手工摇筛 1.5min。称取粒级 5～10mm 和 10～15mm 的砂浆颗粒各 250g，混合均匀后即为 1 个试样。共制备 3 个试样。

4）每个试样分两次装入承压筒。每次约装 1/2，在水泥跳桌上跳振 5 次。第 2 次装料并跳振后，整平表面，安上承压盖。若无水泥跳桌，可按照砂、石紧密体积密度试验的方法颠击密实。

5）将装料的承压筒置于试验机上，盖上承压盖，开洞压力试验机，应于 20～40s 内均匀加荷至规定的筒压荷载值后，立即卸荷。不同品种砂浆的筒压荷载值见表 7-8。

各类型砂浆的筒压荷载值 表 7-8

砂浆品种	筒压荷载值（kN）
水泥砂浆	20
石粉砂浆	20
水泥石灰混合砂浆	10
粉煤灰砂浆	10

6）将施压后的试样倒入由孔径为 5mm 和 10mm 标准筛组成的套筛中，装入摇筛机摇筛 2min 或人工摇筛 1.5min，筛至每隔 5s 的筛出量基本相等。

7）称量各筛的筛余试样重量（精确至 0.1g），各筛的分计筛余量和底盘剩余总量的总和，与筛分前的试样重量相比，相对差值不得超过试样总量的 0.5%；当超过时，应重新进行试验。

（4）数据处理

1）标准试验的筒压比，应按下式进行计算：

$$t_{ij} = \frac{t_1 + t_2}{t_1 + t_2 + t_3} \tag{7-23}$$

式中　　t_{ij}——第 i 个测区第 j 个试样的筒压比，以小数计；

t_1、t_2、t_3——分别为孔径 5mm、10mm 筛的分计筛余量和底盘中的剩余量。

2）测区的砂浆筒压比，按下式进行计算：

$$T_i = \frac{1}{3}(T_{i1} + T_{i2} + T_{i3}) \tag{7-24}$$

式中　　T_i——第 i 个测区的砂浆筒压比平均值，以小数计，精确至 0.01；

T_{i1}、T_{i2}、T_{i3}——分别为第 i 个测区 3 个标准砂浆试样的筒压比。

3）根据筒压比，测区的砂浆强度平均值应按下列公式计算：

水泥砂浆：
$$f_{2i} = 34.58(T_i)^{2.06} \tag{7-25}$$

水泥石灰砂浆：
$$f_{2,i} = 6.1(T_i) + 11(T_i)^2 \tag{7-26}$$

粉煤灰砂浆：
$$f_{2,i} = 2.52 - 9.4(T_i) + 32.8(T_i)^2 \tag{7-27}$$

石粉砂浆：
$$f_{2,i} = 2.7 - 13.9(T_i) + 44.9(T_i)^2 \tag{7-28}$$

9. 推出法

(1) 仪器设备

测试设备：成套的推出仪设备。

技术指标：推出仪的力值显示器应符合下列要求：①最小分辨率为 0.05kN，力值范围为 0～30kN；②具有测力示值峰值保持功能；③仪器读数显示稳定，在 4h 内的读数漂移应小于 0.05kN。推出仪的力值显示器应每年校验一次；推出仪的主要技术指标应符合表 7-9 的要求。

推出仪的主要技术指标一览表　　　　　　　　　　　表 7-9

项目	单位	指标
额定推力	kN	30
相对测量范围	%	20～80
最大行程	mm	80
示值相对误差	%	±3

(2) 被测构件要求

1）推出法适用于推定 240mm 厚烧结普通砖、烧结多孔砖、蒸压灰砂砖、蒸压粉煤灰砖墙体中的砌筑砂浆强度，所测砂浆强度宜为 1～5MPa。其工作状况示意图如图 7-9 所示。

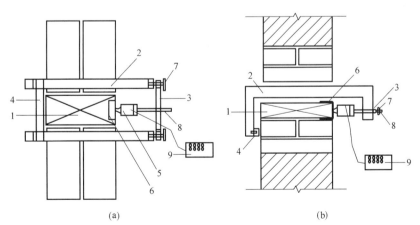

图 7-9　推出法测试装置示意图

(a) 平剖面；(b) 纵剖面

1—被推出丁砖；2—支架；3—前梁；4—后梁；5—传感器；

6—垫片；7—调平螺丝；8—传力螺杆；9—推出力测定仪

2）选择测点应符合下列要求：①同一设计强度等级砌筑单位为一个检测单元，每个检测单元应布置不少于 6 个测区，每个测区应布置不少于 5 个测点；②测点宜均匀地布置在墙上，并避开施工中的预留洞口；③被推丁砖的表面应保持平整，必要时可用砂轮清除表面的杂物并磨平；④被推丁砖下的水平灰缝厚度应为 8～12mm；⑤测试前，被推丁砖应进行编号，并详细记录墙体的外观情况。

（3）操作步骤

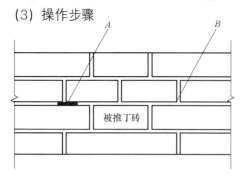

图 7-10 推出法试验示意图

1）取出被推丁砖上部的两块顺砖（图 7-10），然后按下列步骤进行：①使用冲击钻在图 7-10 所示的 A 点打出一个 40mm 宽的孔洞；②用锯条自 A 点至 B 点锯开灰缝；③用锯条锯切被测砖两侧的竖向灰缝，直至下皮砖顶面；④开洞及清缝时，不得扰动被推丁砖。

2）按照图 7-9 所示安装推出仪，用尺测量前梁两端与墙面的距离，使其误差小于 3mm，传感器的力作用点在水平方向位于被推丁砖中间，竖直方向距被推丁砖下表面之上，普通砖 15mm，多孔砖 40mm。

3）旋转加荷螺杆加荷，加荷速度控制在 5kN/min。当砖被推动，测力仪读数下降时，结束加荷，记录推出力 N_{ij}。

4）取下被推丁砖，用百格网测试砂浆饱满度 B_{ij}。

（4）数据处理

1）单个测区的推出力均值按下式计算：

$$N_i = \xi_{3i} \frac{1}{n_1} \sum_{i=1}^{n_1} N_{ij} \tag{7-29}$$

式中　N_i——第 i 个测区的测点推出力均值（kN）；

N_{ij}——第 i 个测区第 j 个测点的推出力峰值（kN）；

ξ_{3i}——砖的品种修正系数，烧结普通砖取 1.00，蒸压灰砂砖取 1.14。

2）测区的砂浆饱满度均值，应按式（7-30）计算：

$$B_i = \frac{1}{n_1} \sum_{j=1}^{n_1} B_{ij} \tag{7-30}$$

式中　B_i——第 i 个测区的砂浆饱满度均值，以小数计，取小数点后两位；

B_{ij}——第 i 个测区第 j 个测点砖下的砂浆饱满度实测值，以小数计。

3）测区的砂浆强度平均值，应按式（7-31）计算：

$$f_{2i} = 0.30 \left(\frac{N_i}{\xi_{4i}} \right)^{1.19} \tag{7-31}$$

$$\xi_{4i} = 0.45 B_i^2 + 0.9 B_i \tag{7-32}$$

式中　f_{2i}——第 i 个测区的砂浆强度平均值（MPa）；

ξ_{4i}——推出法的砂浆饱满度修正系数，以小数计。

10. 砂浆片剪切法

(1) 仪器设备

测试设备：所用设备为砂浆测强仪，采用液压系统施加试验荷载，示值系统为两块带有被动指针的压力表，其工作原理见图 7-11。

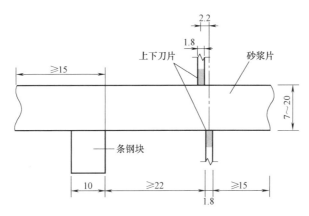

图 7-11　砂浆测强仪工作原理示意图（mm）

技术指标：砂浆测强仪的主要技术指标应符合表 7-10 要求。

砂浆测强仪主要技术指标　表 7-10

项目		指标
上下刀片刃口厚度(mm)		1.8±0.02
上下刀片中心间距(mm)		2.2±0.05
测试荷载 N_V 范围(N)		40～1400
示值相对误差(%)		±3
刀片行程(mm)	上刀片	＞30
	下刀片	＞3
刀片刃口面平面度(mm)		0.02
刀片刃口面棱角直线度(mm)		0.02
刀片刃口面棱角垂直度(mm)		0.02
刀片口硬度(HRC)		55～58

砂浆测强仪需采用专用的砂浆测强标定仪进行定度或校验，砂浆测强标定仪的主要技术指标如表 7-11 所示。

砂浆测强标定仪主要技术指标　表 7-11

项目	指标
标定荷载 N_b 范围(N)	40～1400
示值相对误差(%)	≤1
N_b 作用点偏离下刀片中心面距离(mm)	±0.2

(2) 试样制备要求

1) 砂浆片剪切法适用于推定烧结普通砖或烧结多孔砖砌体中的砌筑砂浆强度；制备

砂浆片试件时，应遵守下列规定：①同一设计强度等级砌筑单位为一个检测单元，每个检测单元应布置不少于 6 个测区，每个测区应布置不少于 5 个测点；②从测点处的单块砖上取下原状砂浆大片，编号后放入密封袋内；③同一个测区的砂浆片，应加工成尺寸接近的片状体，大面、条面均应平整，单个试件的尺寸宜为：厚度 7～15mm，宽度 15～50mm，长度按净距不小于 22mm；④试件加工完毕，应放入密封袋内。

2）砂浆试件的含水率，应与砌体正常工作状态时的含水率基本一致。若试件呈冻结状态，应缓慢升温解冻，并在与砌体含水率接近的条件下进行试验。

（3）试验步骤

1）调平砂浆片剪切仪，使水准泡居中；将加工好的砂浆片试件按图 7-11 所示放置于砂浆片剪切仪内，并用上刀片压紧。

2）开动小油泵顶升下刀片，对试件施加荷载，加荷速度按不超过 10N/s 控制，直至试件破坏。

3）试件为沿刀片刃口破坏时，此试件作废，应取备用试件补测。

4）试件破坏后，应记录压力表指针读数，并换算成剪切荷载值。

5）用游标卡尺或最小刻度为 0.5mm 的钢尺测量试件破坏断面的尺寸，每个断面量测两次，分别取平均值。

（4）数据处理

1）砂浆试件的抗剪强度按公式（7-33）计算：

$$\tau_{ij} = 0.95 \frac{V_{ij}}{A_{ij}} \tag{7-33}$$

式中　　τ_{ij}——第 i 个测区第 j 个试样的抗剪强度（MPa）；

　　　　V_{ij}——试件的抗剪荷载值（N）；

　　　　A_{ij}——试件的破坏截面面积（mm^2）。

2）测区的砂浆片抗剪强度平均值，按式（7-34）进行计算：

$$\tau_i = \frac{1}{n_1} \sum_{j=1}^{n_1} \tau_{ij} \tag{7-34}$$

式中　　τ_i——第 i 个测区的砂浆片抗剪强度平均值（MPa）。

3）测区的砂浆抗压强度平均值应按下列公式计算：

水泥砂浆：　　　　　　　　$f_{2i} = 7.17\tau_i \tag{7-35}$

4）当测区的砂浆抗剪强度低于 0.3MPa 时，应对式 7-33 的计算结果乘以表 7-12 中的系数。

低强砂浆的修正系数　　　　　　　　　　表 7-12

τ_i(MPa)	≥0.3	0.25	0.20	≤0.15
系数	1.00	0.86	0.75	0.35

11. 点荷法

（1）仪器设备

测试设备：采用额定压力较小的试验机。

技术指标：压力试验机的最小读数盘宜在 50kN 以内；压力试验机的加荷附件，应符合下列要求：

　　1）钢质加荷头应为内角为 60° 的圆锥体，锥底直径应为 40mm，椎体高度为 30mm；椎体的头部应为半径为 5mm 的截球体，锥球高度 3mm（图 7-12）；其他尺寸可自定。加荷头应为两个。

　　2）加荷头与试验机的连接方法，可根据试验机的具体情况确定，宜将连接件与加荷头设计为一个整体附件。

　　(2) 试件制备要求

　　1）点荷法适用于推定烧结普通砖或烧结多孔砖砌体中的砌筑砂浆强度。同一设计强度等级砌筑单元为一个检测单元，每个检测单元应布置不少于 6 个测区，每个测区应布置不少于 5 个测点。

　　2）从每个测点处剥离出砂浆大片，加工成符合下列要求的试件：厚度 5~12mm，预估作用半径为 15~25mm，大面应平整，但其边沿不要求非常规则；在砂浆片试件上画出作用点，量测其厚度，精确至 0.1mm。

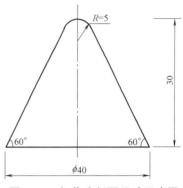

图 7-12　加荷头剖面尺寸示意图

　　(3) 测试步骤

　　1）在合适的试验机上安装加荷头，并将上、下两个加荷头对齐。

　　2）将试件水平放置于下加荷头上，上、下加荷头对准预先画好的作用点，慢慢提起试验机的上压板，轻轻压上，然后缓慢均匀地施加荷载，直至试件破坏。记录破坏荷载值，精确至 0.1kN。

　　3）将破坏后的试件拼成原样，测量荷载实际作用点中心到试件边缘的最短距离即为作用半径，精确至 0.1mm。

　　(4) 数据处理

　　砂浆试件的抗压强度换算值，按式（7-36）～式（7-38）进行计算：

$$f_{2ij} = (33.3\xi_{6ij}\xi_{7ij}N_{ij} - 1.1)^{1.09} \tag{7-36}$$

$$\xi_{6ij} = \frac{1}{0.05\gamma_{ij} + 1} \tag{7-37}$$

$$\xi_{7ij} = \frac{1}{0.03t_{ij}(0.1t_{ij} + 1) + 0.4} \tag{7-38}$$

式中　　N_{ij}——点荷载值（kN）；

　　　　ξ_{6ij}——荷载的作用半径修正系数；

　　　　ξ_{7ij}——试件厚度修正系数；

　　　　γ_{ij}——作用半径（mm）；

　　　　t_{ij}——试件厚度（mm）。

　　12. 切制试件法

　　(1) 仪器设备

　　切割设备：切割设备应具有足够的强度、刚度和稳定性，并具有操作灵活、运行平稳、固定和移动方便的特性。此外，需确保切割设备的锯切深度满足相应构件要求，其电动机、导线及其连接点应具有良好的防潮性能。

测试设备：加荷设备采用压力试验机，相应的测量仪表示值误差不应大于 2%，试验机应每年校验一次。

（2）试件制备要求

1）本方法适用于测试块体材料为砖和中小型砌块的砌体抗压强度。

2）测试部位应具有代表性，并符合下列规定：①同一设计强度等级砌筑单位为一个检测单元，每个检测单元应布置不少于 3 个测区，每个测区不少于一个测点；②测试部位宜选在墙体中部距楼、地面 1m 左右高度处，切割墙体每侧的宽度应不小于 1.0m；③同一墙体上，测点不宜超过 1 个，多于 1 个时，切割砌体的水平净距不得小于 2.0m；④测试部位严禁选在挑梁下、应力集中部位以及墙梁的墙体计算高度范围内。

3）对于外形尺寸为 240mm×115mm×53mm 的普通砖砌体，其切割试件尺寸应尽量接近 240mm×370mm×720mm；非普通砖砌体的切割试件尺寸可稍作调整，但高度应按高厚比 $\beta=3$ 确定；中小型砌块砌体的切割试件厚度应为砌块厚度，宽度应为主规格块的长度，高度取 3 皮砌块，中间一皮应有竖缝。

（3）测试步骤

1）用合适的切割机具先沿竖向切割出试件的两条竖边，在用电钻清除试件上方的水平灰缝；清除大部分下水平灰缝后，采用适当方式支垫，再清除掉全部下水平灰缝。

2）将试件取下，放在带吊钩的钢垫板上。钢垫板及钢压板厚度应不小于 10mm，放置试件前应铺设 20mm 厚的 1∶3 水泥砂浆找平层。

3）操作中应尽量减少对试件的扰动。

4）将试件顶部采用 20mm 厚 1∶3 水泥砂浆找平，放上钢压板，用螺杆将钢垫板与钢压板拉紧，并保持水平。待水泥砂浆凝结后运至试验室。

5）在试件的四个侧面画出竖向中心线，在试件的 1/4、1/2 和 3/4 处，分别测量试件的宽度与厚度，测量值精确至 1mm，取平均值。试件高度以垫板顶面量至压板底面。

6）将试件吊起，清除垫板下杂物后置于试验机上，垫平对中。拆除上、下板间的螺杆。

7）采用分级加荷的方法对试件施加荷载。每级荷载可取预估破坏荷载值的 10%，并应在 1～1.5min 内均匀加完；恒荷 1～2min 后施加下一级荷载。施加荷载时不得冲击试件。加荷至预估破坏荷载值的 80% 后，按原定加荷速度连续加荷，直至试件破坏。当试件裂缝急剧扩展和增多，试验机的测力指针明显回退时，应定为该试件已丧失承载能力而达到破坏状态，其最大的荷载读数即为该试件的破坏荷载值。

（4）数据处理

1）砌体试件的抗压强度，应按式（7-39）计算：

$$\sigma_{uij} = \varphi_{ij} \frac{N_{uij}}{A_{ij}} \tag{7-39}$$

式中　σ_{uij}——第 i 个测区第 j 个测点砌体试件的抗压强度（MPa）；

　　　N_{uij}——第 i 个测区第 j 个测点砌体试件的破坏荷载值（N）；

　　　A_{ij}——第 i 个测区第 j 个测点砌体试件的受压面积（mm²）；

　　　φ_{ij}——第 i 个测区第 j 个测点砌体试件的尺寸修正系数。

其中
$$\varphi_{ij} = \frac{1}{0.72 + \dfrac{20S_{ij}}{A_{ij}}} \qquad (7\text{-}40)$$

式中　S_{ij}——第 i 个测区第 j 个测点砌体试件的截面周长（mm）。

2）砌块砌体试件的高厚比＞3 时，应按式（7-41）计算：

$$\sigma_{uij} = \varphi_{ij}\frac{N_{uij}}{\varphi_0 A_{ij}} \qquad (7\text{-}41)$$

式中　φ_0——稳定系数，按现行《砌体结构设计规范》附录 D 中式 D.0.1-3 计算。

3）测区的砌体试件抗压强度平均值，应按式（7-42）计算：

$$f_{mi} = \frac{1}{n_1}\sum_{j=1}^{n_1} f_{mij} \qquad (7\text{-}42)$$

式中　f_{mi}——第 i 个测区的砌体抗压强度平均值（MPa）；

n_1——第 i 个测区的测点（试件）数。

7.2　强度标准值的确定

按检测结果确定砌体抗压强度或沿灰缝的抗剪强度标准值时，可依据下列方法进行：

1. 当测区数不足 6 个时，取测区强度最低值作为标准值。

2. 当测区数不少于 6 个时，强度标准值按式（7-43）、式（7-44）确定：

$$f_k = f_m - ks \qquad (7\text{-}43)$$
$$f_{v,k} = f_{v,m} - ks \qquad (7\text{-}44)$$

式中　f_k——砌体抗压强度标准值（MPa）；

f_m——同一检测单元的砌体抗压强度平均值（MPa）；

$f_{v,k}$——砌体抗剪强度标准值（MPa）；

$f_{v,m}$——同一检测单元的砌体沿通缝截面的抗剪强度平均值（MPa）；

s——n 个测区的强度标准差（MPa）；

k——与 α、C 和 n 有关的强度标准值计算系数，可由表 7-13 查得；

α——确定强度标准值所取的概率分布下分位数，一般取 $\alpha=0.05$；

C——置信度水平，一般取 $C=0.6$。

计算系数 k 值　　　　　　　　　　　　　　　　　　表 7-13

n	k $C=0.6$	n	k $C=0.6$	n	k $C=0.6$	n	k $C=0.6$
5	—	9	1.858	18	1.773	35	1.728
6	1.947	10	1.841	20	1.764	40	1.721
7	1.908	12	1.816	25	1.748	45	1.716
8	1.880	15	1.790	30	1.736	50	1.712

当按 n 个测区砌体抗压强度或抗剪强度的标准差算得的变异系数大于 0.20 或 0.25 时，不宜直接按式 7-43 或 7-44 计算强度标准差，而应先检查导致离散性大的原因。若查明是因为混入不同批次的样本所致，宜分别进行统计，并分别按式 7-43、7-44 计算强度标准值。

7.3 砌体构件裂缝检测

裂缝通常是物体表面窄长形状的间隙，这种间隙造成了材料的间断和不连续。砌体结构在施工及使用过程中会受到各种因素的影响，从而出现各种原因引起的裂缝。对于引起裂缝的原因，应该区别"受力裂缝"和"非受力裂缝"；对于裂缝可能造成的后果，应区别"一般裂缝"和"危险裂缝"。工程实践表明，砌体结构的非受力裂缝和一般裂缝是难以避免的，而只有较严重的受力裂缝和非常严重的非受力裂缝才可能引起结构或构件的承载安全问题。对砌体构件裂缝进行检测，其目的不是防止裂缝出现，而是判断裂缝的性质及其危险性，并采取有针对性的措施消除不利影响或隐患。关于砌体构件裂缝检测的相关内容可参见本书第 10.4 节相关内容。

7.3.1 砌体构件受力裂缝特征及评定标准

砌体结构承受外界荷载作用时，会在其构件内部引起各种内力（拉、压、弯、剪、扭等）。对于砌体构件内部应力场的任何微小单元来讲，均可分解为拉应力和压应力的两种应力状态，并且可以作为应力场中互相垂直的主拉应力迹线和主压应力迹线。砌体作为一种脆性材料，其抗压强度远大于抗拉强度，当应力场中某处主拉应力大于砌体抗拉强度时，砌体就会在垂直于主拉应力的方向开裂，裂缝方向一般沿着主压应力方向。因此在砌体构件中，受力裂缝总是沿着压应力方向产生和发展的。砌体构件典型受力裂缝特征见表7-14 所示；砌体构件受力裂缝评定标准见表 7-15 和表 7-16 所示。

砌体结构的典型受力裂缝特征 表 7-14

原因	裂缝主要特征		裂缝表现
	裂缝常出现位置	裂缝走向及形态	
受压	承重墙或窗间墙中部	多为竖向裂缝	
偏心受压	受偏心荷载的墙或柱	压力较大一侧产生竖向裂缝；另一侧产生水平裂缝，边缘宽，向内渐窄	

续表

原因	裂缝主要特征		裂缝表现
	裂缝常出现位置	裂缝走向及形态	
局部受压	梁端支承墙体;受集中荷载处	竖向裂缝并伴有斜裂缝	
受剪	受压墙体受较大水平荷载	水平通缝	
		沿灰缝阶梯形裂缝	
受剪	受压墙体受较大水平荷载	沿灰缝和砌块阶梯形裂缝	
地震作用	承重横墙及纵墙窗间墙	斜裂缝、X 形裂缝	

砌体构件按受力裂缝评定为不适于继续承载的情况　　　表 7-15

构件类别	裂缝部位	构件达到 c_u 级或 d_u 级的裂缝情况	鉴定标准
桁架、主梁支座下的墙或柱	端部或中部	出现沿块材断裂或贯通的竖缝或斜裂缝	《民用建筑可靠性鉴定标准》GB 50292
空旷房屋的承重外墙	变截面处	出现水平裂缝或沿块材断裂的斜向裂缝	
砖过梁	跨中或支座	出现裂缝；或虽未出现肉眼可见的裂缝，但发现其跨度范围内有几种荷载	
筒拱、双曲筒拱、扁壳等	拱面、壳面	出现沿拱顶母线或对角线的裂缝	
拱、壳	支座附近或支承的墙体	出现沿块材断裂的斜裂缝	
其他		明显的受压、受弯或受剪裂缝	

砌体构件按受力裂缝评定为危险点等级情况　　　表 7-16

构件类别	根据受力裂缝评为危险点的情况	鉴定标准
承重墙或柱	因受压产生缝宽大于 1.0mm、缝长超过层高 1/2 的竖缝，或产生多条超过层高 1/3 的竖缝	《危险房屋鉴定标准》JGJ 125
支承梁（或屋架）端部的墙体或柱	截面因局部受压而产生多条竖向裂缝，或裂缝宽度已超过 1.0mm	
墙或柱	因偏心受压而产生水平裂缝；因局部变形与相邻构件连接处断裂成通缝；因刚度不足而在挠曲部位出现水平或交叉裂缝	
砖过梁	中部产生明显竖向裂缝或端部产生明显斜裂缝，或支承过梁的墙体产生受力裂缝	
砖筒拱、扁壳、波形筒拱	拱顶沿母线产生裂缝	

7.3.2　砌体构件非受力裂缝特征及评定标准

　　荷载引起的砌体结构受力裂缝固然需要引起重视，但在实际工程中只占很小的比例，砌体结构中绝大多数的可见裂缝，还是由非荷载性质的间接作用引起的，称之为非受力裂缝。温度变化、材料自收缩变形、基础沉降等都会导致砌体构件内部产生拉应变和拉应力，进而引起砌体构件的开裂。非受力作用的类型众多，引起的砌体开裂方式也种类繁多、形态各异。砌体构件典型非受力裂缝特征如表 7-17 所示；砌体构件非受力裂缝评定标准如表 7-18 所示。

砌体构件的典型非受力裂缝特征　　　表 7-17

原因	裂缝主要特征		裂缝表现
	裂缝常出现位置	裂缝走向及形态	
不均匀沉降	底层大窗台下、纵横墙交接处	竖向裂缝	

续表

原因	裂缝主要特征		裂缝表现
	裂缝常出现位置	裂缝走向及形态	
不均匀沉降	窗间墙上下对角	水平裂缝,边缘宽、向内渐窄	
	纵、横墙竖向变形较大的窗口对角,下部多、上部少,两端多,中部少	斜裂缝,正八字形	
	纵、横墙挠度较大的窗口对角,下部多、上部少,两端多、中部少	斜裂缝,倒八字形	
温度变形、砌体干缩变形	纵墙两端部靠近屋顶处的外墙及山墙	斜裂缝,正八字形	
	外墙屋顶、靠近屋面圈梁墙体、女儿墙底部、门窗洞口	水平裂缝,均宽	

砌体构件按非受力裂缝评定为不适于继续承载的情况　　　　　表 7-18

构件类别	构件达到 c_u 级或 d_u 级的裂缝情况	鉴定标准
承重墙	连接处出现通长的竖向裂缝;或墙身裂缝严重,且最大裂缝宽度已大于 5mm	《民用建筑可靠性鉴定标准》GB 50292
独立柱	已出现宽度大于 1.5mm 的裂缝,或有断裂、错位迹象	
其他	出现显著影响结构整体性的裂缝	

第8章 混凝土构件结构性能的静力荷载检验

8.1 试验方法

8.1.1 基本规定

（1）结构性能检验应制定详细的检验方案。检验方案一般包括检验目的、检验对象、加载装置、测点布置和测试仪器、加载步骤以及检验结果的评定方法等。

（2）试验记录应在试验现场完成，关键性数据宜实时进行分析判断。现场试验记录的数据、文字、图表应真实、清晰、完整，不得任意涂改。内容宜包括：形状与尺寸的量测、外观质量的观察检查记录、加载过程的现象观察描述、仪表读数记录、裂缝示意图、临界状态的描述及破坏过程的描述。

（3）试验记录及检验报告应分类整理，妥善存档保管。

8.1.2 仪器设备及环境

1. 常用检验仪器

常用检测仪器一般分为加载设备和量测设备。加载设备：加载梁支墩、支座、千斤顶、加载砝码等。量测仪器：应变仪、位移计、裂缝观测仪等。试验用的加荷设备及量测仪表应预先进行标定或校准。

2. 预制构件结构性能试验条件应满足的要求

（1）构件应在0℃以上的温度中进行试验；

（2）蒸汽养护后的构件应在冷却至常温后进行试验；

（3）构件在试验前应测量其实际尺寸，并检查构件表面，所有的缺陷和裂缝应在构件上标出。

8.1.3 检验依据

《混凝土结构工程施工质量验收规范》GB 50204

《混凝土结构试验方法标准》GB/T 50152

《混凝土结构设计规范》GB 50010

《建筑结构荷载规范》GB 50009

《建筑结构检测技术标准》GB/T 50344

8.1.4 检验数量

对于预制构件结构性能检验数量，应符合下列要求：成批生产的混凝土构件，应按同一生产工艺正常生产的不超过 1000 件，且不超过 3 个月的同类型产品为一批。当连续检验 10 批且每批的结构性能检验结果均符合规范规定的要求时，对同一生产工艺正常生产的构件，可改为不超过 2000 件且不超过 3 个月的同类型产品为一批。在每批中应随机抽取一个构件作为试件进行结构性能检验，同时抽取 2 个备用构件，以便在需进行复检时使用。

8.1.5　支承装置

（1）试验试件的支承应满足下列要求：

1）支承装置应保证试验试件的边界约束条件和受力状态符合试验方案的计算简图；

2）支承试件的装置应有足够的刚度、承载力和稳定性；

3）试件的支承装置不应产生影响试件正常受力和测试精度的变形；

4）为保证支承面紧密接触，支承装置上下钢垫板宜预埋在试件或支墩内；也可采用砂浆或干砂将钢垫板与试件、支墩垫平。当试件承受较大支座反力时，应进行局部承压验算；

5）构件支承的中心线位置应符合标准图或设计的要求。

（2）简支受弯试件的支座应符合下列规定：

1）简支支座应仅提供垂直于跨度方向的竖向反力；

2）单跨试件和多跨连续试件的支座，除一端应为固定铰支座外，其他应为滚动铰支座（图 8-1）；

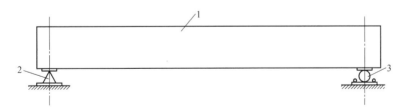

图 8-1　简支受弯试件的支撑方式

1—试件；2—固定铰支座；3—滚动铰支座

3）固定铰支座应限制试件在跨度方向的位移，但不应限制试件在支座处的转动；滚动铰支座不应影响试件在跨度方向的变形和位移，以及在支座处的转动（图 8-2）；

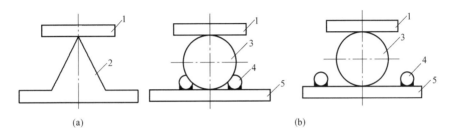

图 8-2　铰支座的形式

（a）固定铰支座；（b）滚动铰支座

1—上垫板；2—带刀口的下垫板；3—钢滚轴；4—限位钢筋；5—下垫板

4）各支座的轴线布置应符合标准或计算简图的要求；当试件平面为矩形时，各支座的轴线应彼此平行，且垂直于试件的纵向轴线；各支座轴线间的距离应等于试件的试验跨度；

5）试件铰支座的长度不宜小于试件的宽度；上垫板的宽度宜与试件的设计支承宽度一致；垫板的厚宽比不宜小于1/6；钢滚轴直径宜按表8-1取用；

钢滚轴的直径   表 8-1

支座单位长度上的荷载（kN/mm）	直径（mm）
＜2.0	50
2.0～4.0	60～80
2.0～6.0	80～100

6）当无法满足上述理想简支条件时，应考虑支座处水平移动受阻引起的约束力或支座处转动受阻引起的约束弯矩等因素对试验的影响。

（3）悬臂试件的支座

悬臂试件的支座应具有足够的承载力和刚度，并应满足对试件端部嵌固的要求。悬臂支座可采用图8-3所示的形式，上支座中心线和下支座中心线至梁端的距离宜分别为设计嵌固长度 c 的 1/6 和 5/6，上、下支座的承载力和刚度应符合试验要求。

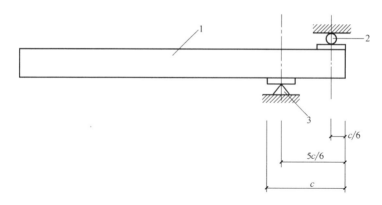

图 8-3　悬臂试件嵌固端支座设置

1—悬臂试件；2—上支座；3—下支座

（4）四角简支及四边简支双向板试件的支座

四角简支及四边简支双向板试件的支座宜采用图8-4所示的形式。

（5）受压试件端支座应符合下列规定：

1）支座对试件只提供沿试件轴向的反力，无水平反力，也不应发生水平位移；试件端部能够自由转动，无约束弯矩；

2）可采用图8-5和图8-6所示的形式；轴心受压和双向偏心受压试件两端宜设置球形支座，单向偏心受压试件两端宜设置沿偏压方向的刀口支座，也可采用球形支座，刀口支座和球形支座中心应与加载力重合；

3）对于刀口支座，刀口的长度不应小于试件截面的宽度；安装时上下刀口应在同一平面内，刀口的中心线应垂直于试件发生纵向弯曲的平面，并应与试验机或荷载架的中心

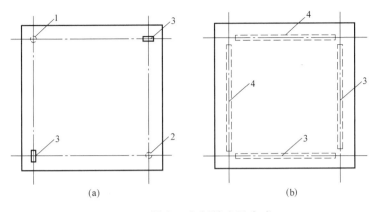

图 8-4　简支双向板的支承方式

（a）四角简支；（b）四边简支

1—钢球；2—半圆钢球；3—滚轴；4—角钢

线重合；刀口中心线与试件截面形心间的距离应取为加载设定的偏心矩；

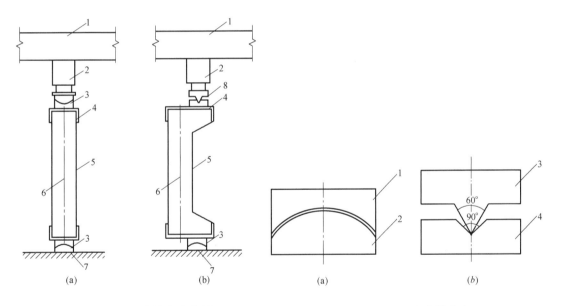

图 8-5　受压构件的支座布置

（a）轴心受压；（b）偏心受压

1—门架；2—千斤顶；3—球形支座；4—柱头钢套

5—试件；6—试件几何轴线；7—底座；8—刀口支座

图 8-6　受压构件的支座

（a）球形支座；（b）刀口支座

1—上半球；2—下半球；3—刀口；4—刀口座

4）对于球形支座，轴心加载时支座中心正对试件截面形心；偏心加载时支座中心与试件形心间的距离应取为加载设定的偏心矩；当在压力试验机上作单向偏心受压试验时，若试验机的上、下压板之一布置球铰时，另一端也可以设置刀口支座；

5）如在试件端部进行加载，应进行局部承压验算，必要时应设置柱头保护钢套或对柱端进行局部加强（图 8-7），但不应改变柱头的受力状态。

（6）支座下的支墩和地基应符合下列规定：

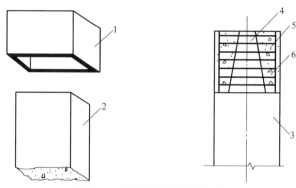

图 8-7　受压试件的局部加强

1—保护钢套；2—柱头；3—预制柱；
4—榫头；5—后浇混凝土；6—加密箍筋

1）支墩和地基在试验最大荷载作用下的总压缩变形不应超过试件挠度值的 1/10；

2）连续梁、四角支承和四边支承双向板等试件需要两个以上的支墩，各支墩的刚度应相同；

3）单向试件两个铰支座的高差应符合支座设计的要求，其允许偏差为试件跨度的 1/200；双向板试件支墩在两个跨度方向的高差和偏差均应满足上述要求；

4）多跨连续试件各中介支墩宜采用可调式支墩，并宜安装力值量测仪表，根据支座反力的要求调节支墩的高度。

8.1.6　加载方式

应根据标准图或设计的加载要求、构件类型及设备条件进行选择。按荷载形式的不同，可分为均布荷载和集中荷载；按加载工具的不同，可分为实验室加载设备、千斤顶加载、重物加载、流体物加载及机械装置加载等。

（1）实验室加载

实验室加载所使用的各种试验机应符合精度要求，并应定期检验校准、有处于有效期内的合格证书。实验室加载用的试验设备的精度、误差应符合下列规定：

万能试验机、拉力试验机、压力试验机的精度不应低于 1 级；

电液伺服结构试验系统的荷载测量允许误差为量程的 $\pm 1.5\%$。

（2）重物加载

重物加载适用于均布荷载试验，加载重物选择应尽量就地取材。加载物应重量均匀一致，形状规则。不宜采用有吸水性的加载物。铁块、混凝土块、砖块等加载物重量应满足加载分级的要求，单块重量不宜大于 250N。对于块体大小均匀，含水量一致又经抽样核实块重确系均匀的小型块材，可按平均块重计算加载量。

应分堆码放，沿单向或双向受力试件跨度方向的堆积长度宜为 1m 左右，且不应大于试件跨度的 1/6～1/4。堆与堆之间宜预留 50～150mm 的间隙，避免试件变形后形成拱作用（图 8-8）。

（3）千斤顶加载

千斤顶加载适用于集中加载试验。千斤顶加载时，可采用分配梁系统实现多点集中加

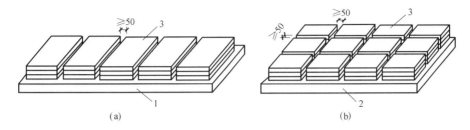

图 8-8　重物均布加载

（a）单向板按区段分堆码放；（b）双向板按区域分堆码放

1—单向板试件；2—双向板试件；3—堆载

载（图 8-9）。千斤顶的加载值宜采用荷载传感器量测，也可采用油压表量测。在用千斤顶进行加荷时，其量程应满足结构构件最大测值的要求，最大测值不宜大于选用千斤顶最大量程的 80%。

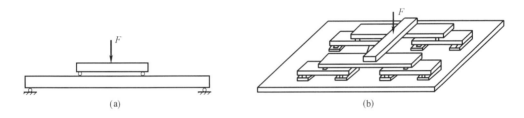

图 8-9　千斤顶—分配梁加载

（a）单向试件；（b）双向板试件

集中力加载作用处的试件表面应设置钢垫板，垫板的面积及厚度应由垫板刚度及混凝土局部受压承载力验算确定。钢垫板宜预埋在试件内，也可采用砂浆及干砂垫平，保持试件稳定支承及均匀。

（4）试件的加载布置应符合计算简图。当试验加载条件受到限制时，也可采用等效加载的形式。等效加载应满足下列要求：

1）控制截面或部位上主要内力的数值相等；

2）其余截面或部位上主要内力和非主要内力的数值相近、内力图形相似；

3）内力等效对试验结果的影响可明确计算。

当采用集中力模拟均布荷载对简支受弯试件进行等效加载时，可按表 8-2 所示的方式进行加载。加载值 P 及挠度实测值的修正系数 Ψ 应采用表中所列的数值。

简支受弯试件等效加载模式及等效集中荷载 P 和挠度修正系数 ψ		表 8-2
名　称	等效加载模式及加载值 P	挠度修正系数 Ψ
均布荷载		1.00

名　称	等效加载模式及加载值 P	挠度修正系数 ψ
四分点 集中力加载	$ql/2$　$ql/2$　$l/4$　$l/2$　$l/4$	0.91
三分点 集中力加载	$3ql/8$　$3ql/8$　$l/3$　$l/3$　$l/3$	0.98
剪跨 a 集中力加载	$ql^2/8a$　$ql^2/8a$　a　$l-2a$　a	计算确定
八分点 集中力加载	$ql/4$　$l/8$　$l/4\times3$　$l/8$	0.97
十六分点 集中力加载	$ql/8$　$l/16$　$l/8\times7$　$l/16$	1.00

8.1.7　检验荷载

1. 适用性检验

结构自重的检验荷载应符合下列规定：检验荷载不宜考虑已经作用在结构或构件上的自重荷载，当有特殊需要时，可考虑受到水影响后这部分自重荷载的增量；检验荷载应包括未作用在结构上的自重荷载，并宜考虑 1.1～1.2 的超载系数。

检验荷载中长期堆物和覆土等持久荷载和可变荷载的取值应符合下列规定：可变荷载应取设计要求值和历史上出现过最大值中的较大值；永久荷载应取设计要求值和现场实测值的较大值；可变荷载组合与持久荷载组合均不宜考虑组合系数；可变荷载不宜考虑频遇值和准永久值；持久荷载已经作用到结构上时，不宜考虑。当有特殊需要时，可考虑受到水影响后这部分持久荷载的增量。检验荷载应包括未作用在结构上的持久荷载，并宜考虑 1.1～1.2 的超载系数。

检验荷载为未作用自重荷载与未作用持久荷载和可变荷载之和，可变荷载包括楼面活荷载和屋面活荷载，按公式（8-1）计算。

$$S_\mathrm{d}=S_\mathrm{Z}+S_\mathrm{G}+S_\mathrm{Qk} \tag{8-1}$$

式中　S_Z——自重荷载效应值；

S_G——持久荷载效应值；

S_{Qk}——可变荷载效应值。

预制构件的开裂试验荷载设计值按式（8-2）计算。

$$S_{cr} = [\gamma_{cr}] S_S \tag{8-2}$$

式中　S_{cr}——正截面抗裂检验荷载；

S_S——正常使用极限状态试验荷载值，取荷载标准组合；

$[\gamma_{cr}]$——构件抗裂检验系数允许值，按所测空心板规格查图集检验参数表。

2. 荷载或构件系数检验

结构构件荷载系数或构件系数的实荷检验应符合下列规定：在荷载系数或构件系数的检验前应进行结构构件适用性检验，当结构构件适用性检验没有异常现象时方可进行；直接进行荷载系数或构件系数检验时，适用性检验荷载应作为其中一级荷载；检验目标荷载应取荷载系数和构件系数对应检验荷载中的较大值；结构构件荷载系数或构件系数的实荷检验应区分既有结构性能的检验和结构工程质量的检验，既有结构性能的检验体现实事求是，结构工程质量的检测体现的是公正性。

（1）既有结构构件荷载的系数 γ_F 应按式（8-3）计算：

$$\gamma_F = \frac{\gamma_{G,2} \times G_{K,2} \times C_{G,2} + \gamma_{L,1} \times Q_{K,1} \times C_{Q,1} + \gamma_{L,2} \times Q_{K,2} \times C_{Q,2}}{C_{Q,2} \times G_{K,2} + Q_{L,1} \times C_{Q,1} + Q_{K,2} \times C_{Q,2}} \tag{8-3}$$

式中　γ_F——检验荷载的系数；

$\gamma_{G,2}$——持久荷载的分项系数或系数；

$G_{K,2}$——单位体积的持久荷载值，取设计要求值和现场实测值的较大值；

$C_{G,2}$——持久荷载的尺寸参数，按实际情况确定；

$\gamma_{L,1}$——可变荷载的分项系数或系数；

$Q_{K,1}$——可变荷载标准值；

$C_{Q,1}$——可变荷载的尺寸参数，按实际情况确定；

$\gamma_{L,2}$——雪荷载的分项系数或系数；

$Q_{K,2}$——雪荷载的基本雪压；

$C_{Q,2}$——雪荷载的相关参数，按实际情况确定。

上式中持久荷载系数的取值应符合下列规定：对于未作用到结构的持久荷载，$\gamma_{G,2}$ 不宜小于 1.4；对于已经作用到结构上的持久荷载且荷载不再有变化时，$\gamma_{G,2}$ 可取为零，在式（8-3）和式（8-4）中可不考虑该类持久荷载的因素；对于已经作用到结构上的持久荷载但需要考虑受水等影响的荷载量时，式（8-3）和式（8-4）的持久荷载 $G_{K,2}$ 和 $C_{G,2}$ 应为荷载的预计增量，预计增量的分项系数 $\gamma_{G,2}$ 不应小于 1.4。

上式中可变荷载的系数取值应符合下列规定：屋面可变荷载的系数宜符合现行国家标准《建筑结构荷载规范》规定；楼面活荷载的分项系数 $\gamma_{L,1}$ 不宜小于 1.6。

上式中雪荷载的分项系数和基本雪压应按下列规定确定：当雪荷载的系数取现行国家标准《建筑结构荷载规范》规定的值时，基本雪压应取现行国家标准《建筑结构检测技术标准》的分析值与重现期 100 年雪压值中的较大值；当基本雪压取重现期 100 年的相应数值时，雪荷载的分项系数应取现行国家标准《建筑结构荷载规范》规定值和按现行国家标准《建筑结构检测技术标准》规定的分析值中的较大值。

既有结构构件荷载系数检验目标荷载按式（8-4）计算：

$$F_{t,l}=\gamma_F\times(G_{K,2}\times C_{G,2}+Q_{K,1}\times C_{Q,1}+Q_{K,2}\times C_{Q,2}) \tag{8-4}$$

式中 $F_{t,l}$——由荷载系数确定的检验目标荷载。

（2）结构工程检验时，结构构件荷载的系数 $\gamma_{F,E}$ 按式（8-5）计算：

$$\gamma_{F,E}=\frac{\gamma_{Q,1}\times G_{K,1}\times C_{G,1}+\gamma_{G,2}\times G_{K,2}\times C_{G,2}+\gamma_{L,1}\times Q_{K,1}\times C_{Q,1}+\gamma_{L,2}\times Q_{K,2}\times C_{Q,2}}{C_{G,1}\times G_{K,1}+C_{G,2}\times G_{K,2}+Q_{K,1}\times C_{Q,1}+Q_{K,2}\times C_{Q,2}}$$

$$\tag{8-5}$$

式中 $\gamma_{F,E}$——检验荷载的系数；

$\gamma_{G,1}$——自重荷载的系数，按现行国家标准《建筑结构荷载规范》GB 50009 的规定确定；

$G_{K,1}$——单位体积或面积的自重荷载值，按实际情况确定；

$C_{G,1}$——自重荷载的尺寸参数，按实际情况确定；

$\gamma_{G,2}$——持久荷载的系数，取 1.35；

$G_{K,2}$——单位体积的持久荷载值，按现行国家标准《建筑结构荷载规范》GB 50009 的规定确定或按实际情况确定；

$\gamma_{L,1}$——可变荷载的系数，按现行国家标准《建筑结构荷载规范》GB 50009 的规定确定；

$Q_{K,1}$——可变荷载标准值，按现行国家标准《建筑结构荷载规范》GB 50009 的规定确定；

$C_{Q,1}$——可变荷载的尺寸参数，按实际情况确定；

$\gamma_{L,2}$——雪荷载的系数，按现行国家标准《建筑结构荷载规范》GB 50009 的规定确定；

$Q_{K,2}$——雪荷载的基本雪压，取重现期 100 年的雪压值；

$C_{Q,2}$——雪荷载的相关参数，按实际情况确定。

结构工程荷载系数对应的检验目标荷载按式（8-6）计算：

$$F_{t,E}=\gamma_{F,E}\times(G_{K,1}\times C_{G,1}+G_{K,2}\times C_{G,2}+Q_{K,1}\times C_{Q,1}+Q_{K,2}\times C_{Q,2})-F_{CG,1} \tag{8-6}$$

式中 $F_{CG,1}$——已经作用到结构上的自重荷载总量，$F_{CG,1}$ 等于 $G_{K,1}$ 乘以 $C_{G,1}$。

（3）当既有结构构件承载力的分项系数 γ_R 大于检验荷载系数 γ_F 时，检验目标荷载按式（8-7）计算：

$$F_{t,R}=\gamma_R\times(G_{K,2}\times C_{G,2}+Q_{K,1}\times C_{Q,1}+Q_{K,2}\times C_{Q,2}) \tag{8-7}$$

式中 $F_{t,R}$——由构件分项系数 γ_R 确定的检验目标荷载；

γ_R——构件承载力的分项系数，按式（8-8）计算，计算参数按表 8-3 选用。

$$\gamma_R=1/(1-\beta_R\delta_R) \tag{8-8}$$

混凝土构件承载力的变异系数 δ_R 和对应的可靠指标 β_R　　　　　　表 8-3

构件	受拉	纯弯	大偏压	小偏压	轴压	受弯斜截面	压弯剪
δ_R	0.06	0.08	0.10	0.10	0.10	0.13	0.16
β_R	3.90	3.30	3.01	3.63	3.63	3.41	3.38
β		3.20			3.70		

（4）当材料强度的系数大于检验荷载的系数时，既有结构的检验目标荷载按式（8-9）计算，结构工程的检验目标荷载按式（8-10）计算：

$$F_{t,m}=\gamma_m\times(G_{K,2}\times C_{G,2}+Q_{K,1}\times C_{Q,1}+Q_{K,2}\times C_{Q,2}) \tag{8-9}$$

$$F_{t,e,m}=\gamma_m\times(G_{K,1}\times C_{G,1}+G_{K,2}\times C_{G,2}+Q_{K,1}\times C_{Q,1}+Q_{K,2}\times C_{Q,2})-F_{CG1} \tag{8-10}$$

式中 $F_{t,m}$——由材料强度系数确定的检验目标荷载；

γ_m——材料强度的系数，由材料强度的标准值除以材料强度的设计值确定。混凝土受弯和受拉构件宜取钢筋材料强度的系数，其他构件宜取混凝土的材料强度系数；

$F_{t,e,m}$——结构工程质量检验时，由材料强度系数确定的检验目标荷载。

3. 综合系数或可靠指标的检验

结构构件综合系数的荷载检验应符合下列规定：综合系数检验应在荷载系数或构件系数检验后实施；综合系数检验的目标荷载应取荷载系数的检验荷载和构件系数的检验荷载之和；综合系数的检验可能已经接近构件承载能力的极限状态，有时可能会出现构件的破坏，结构构件综合系数的检验应根据实际情况确定每级荷载的增量。

结构构件承载能力极限状态可靠指标的实荷检验应符合下列规定：综合系数检验符合要求的结构构件，可进行规定的可靠指标对应分项系数的实荷检验；综合系数对应的检验荷载，可作为可靠指标对应分项系数检验的一级荷载；可靠性指标检验适用于工程质量的检测，结构功能性检测时不宜进行可靠性指标的检验。

对应尺寸的模型检验时，可靠指标对应的检验系数和检验目标荷载应按下列规定计算确定。

（1）可靠指标 β_s 对应的综合系数按式（8-11）计算：

$$\gamma_{F,s}=\frac{\gamma_{G,2}\times G_{K,2}\times C_{G,2}+\gamma_{Q,L}\times Q_{L,1}\times C_{Q,1}+\gamma_{Q,2}\times Q_{L,2}\times C_{Q,2}}{C_{G,2}\times G_{K,2}+Q_{L,1}\times C_{Q,1}+Q_{L,2}\times C_{Q,2}} \tag{8-11}$$

式中 $\gamma_{F,s}$——对应于可靠指标 β_s 等于 2.05 的作用综合系数；

$\gamma_{G,2}$——持久荷载的分项系数；

$G_{K,2}$——单位体积持久荷载，取实测样本中的最大值；

$C_{G,2}$——持久荷载的尺寸参数；

$\gamma_{Q,L}$——可变荷载的分项系数，对于楼面活荷载不小于 1.6，对于屋面活荷载不小于 1.5；

$Q_{L,1}$——可变荷载的标准值，取设计值、可能出现的最大值和出现过的最大值中的最大值；

$Q_{L,2}$——基本雪压，取现行国家标准《建筑结构荷载规范》GB 50009 的规定值和按现行国家标准《建筑结构检测技术标准》规定分析计算值中的较大值；

$\gamma_{Q,2}$——雪荷载的分项系数，取现行国家标准《建筑结构荷载规范》GB 50009 的规定值和按现行国家标准《建筑结构检测技术标准》GB/T 50344 规定分析计算值中的较大值。

（2）上式中持久荷载的分项系数 $\gamma_{G,2}$ 按式（8-12）计算：

$$\gamma_{G,2}=\gamma_{G,2a}\times\gamma_{G,2g} \tag{8-12}$$

$$\gamma_{G,2a} = 1 + \beta_s \delta_{G,2a} \tag{8-13}$$

$$\gamma_{G,2g} = 1 + \beta_s \delta_{G,2g} \tag{8-14}$$

式中　$\gamma_{G,2a}$——考虑持久荷载尺寸变化的分项系数；

　　　β_s——作用效应的可靠指标，取 2.05；

　　　$\delta_{G,2a}$——持久荷载尺寸的变异系数；

　　　$\delta_{G,2g}$——持久荷载单位体积重量的变异系数。

（3）作用综合分项系数 $\gamma_{F,s}$ 对应的检验荷载按式（8-15）计算：

$$F_{t,s} = \gamma_{F,s} \times (G_{K,2} \times C_{G,2} + Q_{K,L} \times C_{Q,1} + Q_{K,2} \times C_{Q,2}) \tag{8-15}$$

式中　$F_{t,s}$——作用综合系数 $\gamma_{F,s}$ 对应的检验荷载。

（4）构件分项系数 γ_R 对应的检验荷载按式（8-16）计算：

$$F_{t,R} = \gamma_R \times (G_{K,2} \times C_{G,2} + Q_{K,L} \times C_{Q,1} + Q_{K,2} \times C_{Q,2}) \tag{8-16}$$

式中　$F_{t,R}$——构件分项系数对应的检验荷载；

　　　γ_R——构件承载力的分项系数。

（5）可靠指标 β 对应分项系数的检验目标荷载应取构件分项系数对应的检验荷载 $F_{t,R}$ 与作用综合系数对应的检验荷载 $F_{t,s}$ 之和。

8.1.8　加载程序

1. 预加载

在对构件的结构性能试验正式开始前，宜对被测构件进行预加载，以检查试验装置的工作是否正常，同时观察构件是否在试验前已产生了裂缝等损伤情况。同时，在对构件进行预加荷时，应防止构件因预加载而产生裂缝。预加载值不宜超过结构构件开裂试验荷载计算值的 70%。

2. 分级加载和卸载

（1）试验荷载应按下列规定分级加载：

1）构件分级加载方法：检验荷载应分级施加，每级荷载不宜超过最大检验荷载标准值的 20%；

2）每级加载或卸载后的荷载持续时间：每级加载完成后，应持续 10～15min；达到检验的最大荷载后，应持荷至少 1h，且应每隔 15min 测取一次荷载变形值，直到变形值在 15min 内不再明显增加为止。

（2）试验荷载应按下列规定分级卸载：

1）每级卸载值可取为承载力试验荷载值的 20%，也可按各级临界试验荷载逐级卸载；

2）卸载时，宜在各级临界试验荷载下持荷并量测各试验参数的残余值，直至卸载完毕；

3）全部卸载完成后，宜经过一定的时间后重新量测残余变形、残余裂缝形态及最大裂缝宽度等，以检验试件的恢复性能。恢复性能的量测时间，对于一般构件取为 1h，对于新型结构和跨度较大的试件取 12h，也可以根据需要确定时间。

8.1.9　挠度或位移的量测方法

1. 挠度量测仪表的设置

挠度测点应在构件跨中截面的中轴线上沿构件两侧对称布置，还应在构件两端支座处布置测点，量测挠度的仪表应安装在独立不动的仪表架上，现场试验应清除地基变形对仪表支架的影响。

2. 试验结构构件变形的量测时间

（1）结构构件在试验加载前，应在没有外加荷载的条件下测度仪表的初始读数；

（2）试验时在每级荷载作用下，应在规定的荷载持续时间结束时量测结构构件的变形。结构构件各部位测点的测读程序在整合试验过程中宜保持一致，各测点间读数时间间隔不宜过长。

3. 应力-应变的测量方法

需要进行应力-应变分析的构件，应量测其控制截面的应变。量测构件应变时，测点布置应符合下列要求：

（1）对受弯构件，应首先在弯矩最大的截面上沿截面高度布置测点，每个截面不宜少于 2 个；

（2）当需要量测沿截面高度的应变分布规律时，布置测点数不宜少于 5 个；

（3）在同一截面的受拉区主筋上应布置应变测点。

量测构件局部变形可采用千分表、杠杆应变表、手持式应变仪或电阻应变计等各种量测应变的仪表或传感元件；量测混凝土应变时，应变计的标距应大于混凝土粗骨料最大粒径的 3 倍。

当采用电阻应变计量测构件内部钢筋应变时，宜先进行现场贴片，并作可靠的防护处理；也可在预留孔洞的钢筋上粘贴电阻应变计进行量测。对于采用机械式应变仪量测构件内部钢筋应变时，则应在测点位置处的混凝土保护层部位预留孔洞或预埋测点。

对于采用电阻应变计量测构件应变时，应有可靠的温度补偿措施。在温度变化较大的地方采用机械式应变仪量测应变时，应考虑温度影响修正。

4. 试验过程中的观察：抗裂试验与裂缝量测方法

（1）结构构件进行抗裂试验时，应在加载过程中仔细观察和判别试验结构构件中第一次出现的垂直裂缝或斜裂缝，并在构件上绘出裂缝位置，标出相应的荷载值。

当在加载过程中第一次出现裂缝时，应取前一级荷载值作为开裂荷载实测值；当在规定的荷载持续时间内第一次出现裂缝时，应取本级荷载值与前一级荷载的平均值作为其开裂荷载实测值；当在规定的荷载持续时间结束后第一次出现裂缝时，应取本级荷载值作为开裂荷载实测值。

（2）用放大倍率不低于 5 倍的放大镜观察裂缝的出现。试验结构构件开裂后应立即对裂缝的发生、发展情况进行详细观测，量测适用性检验荷载作用下的最大裂缝宽度及各级荷载作用下的主要裂缝宽度、长度及裂缝间距，并应在试件上标出。

（3）最大裂缝宽度应在适用性检验荷载持续作用 30min 结束时进行量测。

8.1.10　承载力判定

1. 适用性检验

（1）结构构件适用性检验应进行正常使用极限状态的评定和结构适用性的评定。结构构件正常使用极限状态对应的是结构构件，只是结构适用性的一部分内容。结构的适用性是结构构件为非结构构件和建筑的功能服务能力；

（2）结构构件的正常使用极限状态应以国家现行有关标准限定的位移、变形和裂缝宽度等为基准进行评定。如使用状态试验结构性能的个检验指标全部满足要求，则应判断结构性能满足正常使用极限状态的要求；

（3）结构构件的适用性应以装饰装修、围护结构、管线设施未受到影响以及使用者的感受为基准进行评定，根据委托方的要求选择下列指标作为停止加荷工作的标志：

1）构件的变形、裂缝达到限值；

2）构件装饰层拉力超过允许值或出现裂纹；

3）变形已明显对设备或设施的使用影响；

4）防水层的拉应变超过限值或出现裂纹。

2. 荷载系数或构件系数检验

（1）结构构件承载力的荷载系数或构件系数的实荷检验，当出现下列情况之一时，应立即停止检验，并应判定其承载能力不足：

1）钢构件的实测应变接近屈服应变；

2）钢构件变形明显超出计算分析值；

3）钢构件出现局部失稳迹象；

4）混凝土构件出现受荷裂缝；

5）混凝土构件出现混凝土压溃的迹象；

6）其他接近构件极限状态的标志。

（2）结构构件经历检验目标荷载满足下列要求时，可评价在检验目标荷载下有足够的承载力：

1）实测应变和变形等与达到承载能力极限状态的预估值有明显的差距；

2）钢构件没有局部失稳的迹象；

3）混凝土构件未见加荷造成的裂缝或裂缝宽度小于检验荷载作用下的预估值；

4）卸荷后无明显的残余变形；

5）构件没有出现材料破坏的迹象。

3. 综合系数检验

（1）结构当遇到下列情况之一时，应采取卸荷的措施，并应将此时的检验荷载作为构件承载力的评定值：

1）钢材和钢筋的实测应变接近屈服应变；

2）构件的位移或变形明显超过分析预期值；

3）混凝土构件出现明显的加荷裂缝；

4）构件等出现屈曲的迹象；

5）钢构件出现局部失稳迹象；

6）砌筑构件出现受荷开裂。

（2）结构结构构件在目标荷载检验后满足下列要求时，可评价结构构件具有承受综合系数荷载的能力：

1）达到检验目标荷载时，实测应变与钢筋或钢材的屈服应变有明显的差距；

2）构件的变形处于弹性阶段；

3）构件没有屈曲的迹象；

4）构件没有局部失稳的迹象；

5）构件没有超出预期的裂缝；

6）构件材料没有破坏的迹象；

7）卸荷后无明显的残余变形。

4. 可靠指标检验

通过作用综合系数对应的检验荷载和构件承载力分项系数对应的检验荷载的检验后，构件满足下列要求时，可评价结构构件符合国家现行标准规定的可靠指标的要求：

1）构件的应变未达到屈服应变或距屈服应变有明显的差距；

2）构件的变形未超出构件承载能力极限状态的限制；

3）构件无屈曲迹象；

4）构件无局部的失稳；

5）构件未出现材料的破坏。

8.2　变形及抗裂度数据处理

8.2.1　变形量测的试验结果整理

（1）确定构件在各级荷载作用下的短期挠度实测值，按式（8-17）、式（8-18）计算：

$$a_i^0 = a_q^0 \varphi \tag{8-17}$$

$$a_q^0 = \gamma_m^0 \frac{1}{2}(\gamma_l^0 + \gamma_r^0) \tag{8-18}$$

式中　a_i^0——全部荷载作用下构件跨中的挠度实测值（mm）；

φ——用等效集中荷载代替实际的均布荷载进行试验时的加载图式修正系数，按表 3.2 取用；

a_q^0——外加试验荷载作用下构件跨中的挠度实测值（mm）；

γ_m^0——外加试验荷载作用下构件跨中的位移实测值（mm）；

γ_l^0——外加试验荷载作用下构件左支座的位移实测值（mm）；

γ_r^0——外加试验荷载作用下构件右支座的位移实测值（mm）。

（2）受弯构件的挠度应按下列规定进行检验：

当按现行国家标准《混凝土结构设计规范》规定的挠度允许值进行检验时，应符合式（8-19）要求：

$$a_s^0 = [a_s] \tag{8-19}$$

式中　a_s^0——在适用性检验荷载的构件挠度实测值；

$[a_s]$——挠度检验允许值，预制构件查图集结构性能检验参数表。现浇构件按式（8-21）和（8-22）计算。

当设计要求按实配钢筋确定构件挠度计算值进行检验，或仅检验构件的挠度、抗裂或裂缝宽度时，除应符合式（8-20）要求外，还应符合下式要求：

$$a_s^0 \leqslant 1.2 a_s^c \tag{8-20}$$

式中 a_s^c——在适用性检验荷载作用下，按实配钢筋确定的构件短期挠度计算值。

挠度检验允许值按下列公式计算：

对钢筋混凝土受弯构件

$$[a_s]=[a_f]/\theta \qquad (8-21)$$

对预应力混凝土受弯构件

$$[a_s]=\frac{M_k}{M_q(\theta-1)+M_k}[a_f] \qquad (8-22)$$

式中 $[a_f]$——构件挠度设计的限值，按现行国家标准《混凝土结构设计规范》GB 50010 有关规定取用；

θ——考虑荷载长期效应组合对挠度增大的影响系数，按现行国家标准《混凝土结构设计规范》GB 50010 有关规定取用；

M_k——按荷载的标准组合计算所得的弯矩，取计算区段内的最大弯矩值；

M_q——按荷载的准永久组合计算所得的弯矩，取计算区段内的最大弯矩值。

8.2.2 抗裂试验与裂缝量测的试验结果整理

结构试验中裂缝的观测应符合下列规定：

（1）观察裂缝出现可采用精度为 0.05mm 的裂缝观测仪等仪器进行观测；

（2）对正截面裂缝，应量测受拉主筋处的最大裂缝宽度；

（3）确定构件受拉主筋处的裂缝宽度时，应在构件侧面量测；

（4）预制构件抗裂检验应符合式（8-23）的要求：

$$\gamma_{cr}^0 \geqslant [\gamma_{cr}] \qquad (8-23)$$

式中 γ_{cr}^0——构件抗裂检验系数实测值，即试件的开裂荷载实测值与适用性检验荷载值（均包括自重）的比值；

$[\gamma_{cr}]$——构件抗裂检验系数允许值，按所测空心板规格查图集检验参数表。

预制构件的裂缝宽度检验应符合公式（8-24）的要求：

$$\omega_{s.max}^0 \leqslant [\omega_{max}] \qquad (8-24)$$

式中 $\omega_{s.max}^0$——在适用性检验荷载下，受拉主筋处的最大裂缝实测值（mm）；

$[\omega_{max}]$——构件检验的最大裂缝允许值，按表 8-4 取用。

构件的最大裂缝宽度检验允许值（mm） 表 8-4

设计规范的限值 ω_{lim}	检验允许值 $[\omega_{max}]$
0.10	0.07
0.20	0.15
0.30	0.20
0.40	0.25

8.2.3 承载力试验结果整理

（1）当按现行国家标准《混凝土结构设计规范》GB 50010 的要求进行检验时，应满足下列公式的要求：

$$\gamma_{u,i}^0 \geqslant \gamma_0 [\gamma_u]_i \tag{8-25}$$

当采用均布加载时
$$\gamma_{u,i}^0 = \left[\frac{Q_{u,i}^0}{Q_d}\right] \tag{8-26}$$

当采用集中力加载时
$$\gamma_{u,i}^0 = \left[\frac{F_{u,i}^0}{F_d}\right] \tag{8-27}$$

式中　$[\gamma_u]_i$——构件的承载力检验系数允许值，根据试验中所出现的承载力标志类型，按表 3.3 取用；

　　　　$\gamma_{u,i}^0$——构件的承载力检验系数实测值；

　　　　γ_0——构件的重要性系数；按一、二、三级安全等级分别取 1.1、1.0、0.9；

　　$Q_{u,i}^0$、$F_{u,i}^0$——以均布荷载、集中荷载形式表达的承载力检验荷载实测值；

　　　Q_d、F_d——以均布荷载、集中荷载形式表达的承载力检验荷载设计值。

（2）当设计要求按构件实配钢筋的承载力进行检验时，应满足式（8-28）要求：
$$\gamma_{u,i}^0 \geqslant \gamma_0 \eta [\gamma_u]_i \tag{8-28}$$

式中　η——构件承载力检验修正系数，按式（8-29）计算。
$$\eta = \frac{R_i(f_c, f_s, A_s)}{\gamma_0 S_i} \tag{8-29}$$

式中　R_i——根据实配钢筋确定的构件不同承载力标志所对应承载力的计算值，应按现行国家标准《混凝土结构设计规范》GB 50010 中有关承载力计算公式计算；

　　　　S_i——构件承载力标志对应的承载能力极限状态下的内力组合设计值。

8.2.4　结果判断

预制构件结构性能的检验结果按下列规定验收：

（1）当试件结构性能的全部检验结果均符合上述检验要求时，该批构件的结构性能应通过验收；

（2）当第一个试件的检验结果不能符合上述要求，但又能符合第二次检验的要求时，可再抽两个试件进行检验。第二次检验的指标，对承载力及抗裂检验系数的允许值应取规定允许值减 0.05；对挠度的允许值应取规定允许值的 1.10 倍。当第二次抽取的两个试件的全部检验结果符合第二次检验的要求时，该批构件的结构性能可通过验收；

（3）当第二次抽取的第一个试件的全部检验结果均已符合挠度、抗裂度（裂缝宽度）和承载力的要求时，该批构件的结构性能可通过验收。

现浇构件结构性能的检验结果按下列规定判定：

1）如使用状态试验结构性能的各检验指标全部满足要求，则应判断结构性能满足正常使用极限状态的要求；

2）当结构主要受力部位或控制截面出现本书表 8-3 所列的任一种承载力标志时，即认为结构已达到承载能力极限状态。如承载力检验满足要求，则应判断结构性能满足承载力极限状态的要求；

3）如承载力试验直到最大加载限值，结构仍未出现任何承载力标志，则应判断结构性能满足承载力极限状态的要求。

8.3 工程实例

[案例 8-1] 预制空心板出厂检验，试分析试验结果。

(1) 试验时板的支点距离（计算跨度）为板的轴线距离减去 160mm：$l_e = 4200 - 160 = 4040mm$

(2) 适用性检验荷载值

板设计荷载为：自重 1.1kN/m²，装修荷载为 1.48kN/m²（剔除），活荷载为 2.0kN/m²。

则 $F_s = (1.1 \times 1.48 + 2.0) \times l_e \times 1.0 = 14.66kN$

(3) 抗裂检验荷载允许值

检验荷载允许值 $F_{cr} = [\gamma_{cr}] \times F_s = 1.11 \times 14.66 = 16.27kN$

(4) 荷载或构件系数检验

荷载系数 $\gamma_{F,E} = \dfrac{1.2 \times 1.1 + 1.2 \times 1.48 + 1.4 \times 2}{1.1 + 1.48 + 2} = \dfrac{5.896}{4.58} = 1.29$

检验目标荷载值 $F_{t,E} = [1.29 \times (1.1 + 1.48 + 2) - 1.1] \times 4.04 \times 1.0 = 19.83kN$

则检验目标荷载值取 19.83kN。

(5) 综合系数检验

构件分项系数 $\gamma_R = \dfrac{1}{1 - \beta_R \delta_R} = \dfrac{1}{1 - 3.30 \times 0.08} = 1.36 > \gamma_{F,E} = 1.34$

检验目标荷载值 $F_{t,R} = 1.36 \times (1.48 + 2.0) \times 4.04 \times 1.0 = 18.9kN$

检验目标荷载值 $F_{t,s} = 19.83 + 18.9 = 38.73kN$

(6) 采用重物加载法加载，并按加载程序要求确定分级加载荷载及持荷时间，并对变形、裂缝等进行量测，记录试验过程。

(7) 试验结果

设试件在适用性检验荷载值作用下挠度实测值 $a_s^0 = 6.20mm$，而挠度检验允许值 $[a_s] = 9.54mm$，$a_s^0 < [a_s]$，故该试件挠度检验合格；

设试件开裂荷载实测值 $F_{cr}^0 = 18.87kN$，则抗裂检验系数实测值 $\gamma_{cr}^0 = \dfrac{18.87}{16.27} = 1.16$，而抗裂检验系数允许值 $[\gamma_{cr}] = 1.11$，$\gamma_{cr}^0 > [\gamma_{cr}]$，故该试件抗裂检验合格；

该试件在荷载或构件系数检验荷载值及综合系数检验荷载值下无异常现象，符合规范要求。

由于上述检验指标全部合格，判定该试件结构性能合格。对于该类预制构件的结构性能检验，各控制参数均可以查图集结构性能检验参数表选用，包括：q_k^e、l_e、q_k^g、$[a_s]$、$[\gamma_{cr}]$、$[\gamma_u]$。

[案例 8-2] 某综合楼为 4 层框架结构，C～D 轴柱距 7.5m，5～6 轴柱距 12m，现需对 2 层 5/C～D 轴楼面梁进行现场结构性能试验。该楼面梁截面尺寸为 300mm×80mm。相邻钢筋混凝土楼面板厚度为 120mm，水磨石地面（已有），板面均布荷载取 6kN/m²，构件的承载力检验系数允许值取 1.50。

（1）计算单元见图 8-10

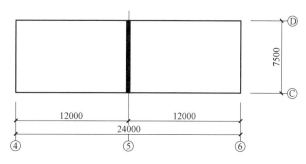

图 8-10　计算单元

（2）在跨中及左右支座设置百分表，见图 8-11

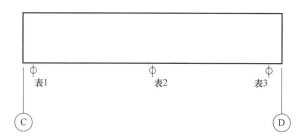

图 8-11　百分表表位示意图

（3）荷载设计数据

该梁承受相邻两块板所传递的荷载，在相邻两块板上加载，加载面积为 7.5m×24m＝180m^2。

自重 $F_{K,1}$＝25×0.12×180＋25×0.3×0.8×7.5＋0.65×180＝702kN

持久荷载 $F_{K,2}$＝0

可变荷载 $F_{l,1}$＝6×180＝1080kN

1）适用性检验荷载值

$$F_s＝F_{l,1}＝1080kN$$

2）荷载或构件系数检验

检验荷载系数 $\gamma_F＝\dfrac{1.6×1080}{1080}＝1.6＞\gamma_R＝1.36$

检验目标荷载 $F_{t,l}＝1.6×（0＋1080）＝1728kN$

3）综合系数检验

检验目标荷载 $F_{t,s}＝F_{t,l}＋F_{t,s}＝1728＋1.36×（0＋1080）＝3196.8kN$

4）可靠指标检验

持久荷载分项系数 $\gamma_{G,2}＝0$

可靠指标对应的综合系数 $\gamma_{F,s}＝\dfrac{1.6×1080}{0＋1080}＝1.6$

综合分项系数对应的检验荷载 $F_{t,s}＝1.6×（0＋1080）＝1728kN$

检验目标荷载 $F_t＝1728＋1.36×（0＋1080）＝3196.8kN$

（4）加载程序

采用标准砖作为荷载加载，单个砖体自重为2.25kg。当荷载小于适用性检验荷载值时，每级荷载取该值的20%分级加载，持荷15min；在适用性检验荷载值作用下持荷30min。荷载大于正常使用极限状态试验荷载值时，每级荷载取可靠指标检验目标荷载值的5%～10%，每级持荷10min，加载至可靠指标检验目标荷载值，持荷1h且应每隔15min测取一次荷载变形值，直到变形值在15min内不再明显增加为止。挠度检验取$[a_s]$=7500/250＝30.0mm。

（5）检测结果如表8-5所示

各级荷载下挠度检测结果（mm）　　　　　　　表8-5

荷载(kN)		表1		表2		表3		实测挠度值
		本级	累计	本级	累计	本级	累计	
自重	702	0.00	—	0.00	—	0.00	—	0.00
第1级	—	−0.02	−0.02	0.27	0.27	−0.03	−0.03	0.30
第2级	—	−0.04	−0.06	0.31	0.58	−0.07	−0.10	0.66
第3级	—	−0.05	−0.11	0.34	0.2	−0.12	−0.22	0.98
第4级	—	−0.02	−0.13	0.23	1.05	−0.13	−0.35	1.29
第5级	—	−0.03	−0.16	0.22	1.27	−0.09	−0.44	1.57
第6级	—	−0.03	−0.19	0.45	1.72	−0.16	−0.60	2.11
第7级	—	−0.02	−0.21	1.23	2.95	−0.13	−0.93	3.40
第8级	—	−0.01	−0.22	2.36	5.31	−0.19	−1.12	5.86
第9级	—	−0.01	−0.23	3.58	8.89	−0.16	−1.28	9.52
第10级	—	−0.02	−0.25	4.80	13.69	−0.18	−1.46	14.40
第11级	—	−0.01	−0.26	3.21	16.90	−0.19	−1.65	17.70
第12级	—	0.00	−0.26	5.01	21.91	−0.20	−1.85	22.80
第13级	3767	0.00	−0.26	5.20	27.11	−0.15	−2.00	28.07
检验指标		挠度(mm)			最大裂缝宽度(mm)			
		$[a_s]$	30.0		$[\omega_{max}]$	0.10		
检验结果		a_i^0	3.34		$\omega_{s,max}$	0.10		
检验结论		试验至最大试验荷载值时，未出现承载力极限状态检验标志，该梁满足承载力极限状态要求						

注：1. a_i^0为适用性检验荷载作用下的实测挠度（包括自重）并考虑长期效应影响后的挠度计算值；

2. $\omega_{s,max}$为适用性检验荷载作用下，受拉主筋处最大裂缝宽度实测值。

第 9 章　后置埋件的力学性能检测

9.1　后置埋件的力学性能检测基本规定

9.1.1　基本规定

（1）锚固安装、紧固或固化完毕后，应进行锚固承载力现场检验。

（2）锚固件抗拔承载力现场检验可分为非破损性检验和破坏性检验。

（3）下列场合应采用破坏性检验方法对锚固件质量进行检验：

1）安全等级为一级的后锚固构件；2）悬挑结构、构件；3）对后锚固设计参数有疑问；4）对该工程锚固质量有怀疑。

（4）对一般结构构件，其锚固件锚固质量现场检验可采用非破损检验方法。

9.1.2　检测依据及抽样

1. 检测依据

（1）《混凝土结构后锚固技术规程》JGJ 145

（2）《建筑结构加固工程施工质量验收规范》GB 50550

（3）《混凝土结构加固设计规范》GB 50367

（4）《混凝土结构工程无机材料后锚固技术规程》JGJ/T 271 9.1.3 抽样规则

2. 抽样

（1）锚固质量现场抽样时，应以同品种、同规格、同强度等级的锚固件安装与锚固部位基本相同的同类构件为一个检验批，并从一个检验批所含锚固构件中进行抽样。

（2）现场破坏性检验的抽样，应选择易修复和易补种的位置，取每一检验批锚固件总数的 1‰，且不少于 5 件进行检验。若锚固件为植筋，且总植数量不超过 100 件时，可仅取 3 件进行试验。仲裁性检验数量应加倍。

（3）现场非破损检验的抽样数量，应符合下列规定：

1）锚栓锚固质量的非破损检验

① 对重要结构构，应在检查该检验批锚栓外观质量合格基础上，按照表 9-1 规定的抽样数量，对该检验批锚栓进行随机抽样。

重要结构构件锚栓锚固质量非破损检验批抽样表　　表 9-1

检验批的锚栓总数	≤100	500	1000	2500	≥5000
检验批的锚栓总数计算的最小抽样量	20%，且不少于 5 件	10%	7%	4%	3%

注：当锚栓总数介于两栏数量之间时，可按线性内插法确定抽样数量。

② 对一般结构构件，可按重要结构构件抽样数量的 50％，且不少于 5 件进行随机抽样。

2）植筋锚固质量的非破损检验

① 对重要结构构，应按其检验批植筋总数的 3％，且不少于 5 件进行随机抽样；

② 对一般结构构件，应按 1％，且不少于 3 件进行随机抽样。

3）胶粘的锚固件，其检验应在胶粘剂达到其产品说明书标示的固化时间当天，但不得超过 7d 进行。因故需要推迟抽样与检验日期，除应征得监理单位同意外，还不得超过 3d。

9.2　后置埋件力学性能试验方法

9.2.1　仪器设备要求

（1）现场检测用的加荷设备，可采用专门的拉拔仪或自行组装的拉拔装置，但应符合下列要求：

1）设备的加荷能力应比预计的检验荷载值至少大 20％，且不大于检验荷载的 2.5 倍，应能连续、平稳、速度可控地运行；

2）加载设备能够按照规定的速度加载，测力系统整机允许偏差为全量程的 ±2％；

3）设备的液压加载系统持荷时间不超过 5min 时，其荷载降值不应大于 5％；

4）加载设备应能够保证所施加的拉伸荷载始终与后锚固构件的轴线一致；

5）加载设备支撑环内径 D_0 应符合下列规定。

① 植筋：D_0 不应小于 12d 和 250mm 的较大值；

② 膨胀型螺栓和扩底型螺栓：D_0 不应小于 4h_{ef}；

③ 化学螺栓发生混合破坏及钢材破坏时：D_0 不应小于 12d 和 250mm 的较大值；

④ 化学螺栓发生混凝土锥体破坏时：D_0 不应小于 4h_{ef}。

（2）当委托方要求检测重要结构锚固件连接的荷载-位移曲线时，现场测量位移装置，应符合下列要求：

1）仪表的量程不应小于 50mm；其测量的误差不应超过 ±0.02mm；

2）测量位移装置应能与测力系统同步工作，连续记录，测出锚固件相对于混凝土表面的垂直位移，并绘制荷载-位移全曲线。

（3）现场检验用的仪器设备应定期送检定结构检定。若遇到下列情况之一时，还应重新检定：

1）读数出现异常；

2）被拆卸检查或更换零部件后。

（4）试验装置

1）试验前应检测试验装置，使各部件均处于正常状态。

2）位移测量应安装在锚栓、植筋或植螺杆根部，位移值的计算应减去锚栓、植筋或植螺杆的变形量。

3）群锚试验加载板的安装应确保每一锚栓的承载比例与设计要求相符。

4）抗拔试验装置应紧固于结构部位，并保证施加的荷载直接传递至试件，且荷载作用线与试件轴线垂直；剪切板的厚度应不小于试件的直径；剪切板的孔径比试件的直径大(1.5 ± 0.75)mm，且边缘应倒角磨圆。

5）建筑锚栓抗剪试验时，应在剪切板与结构表面之间放置最大厚度为2.0mm的平滑垫片（如聚四氟乙烯），以使锚栓直径承受剪力。

6）若试验过程中出现试验装置倾斜、结构基材边缘开裂等异常情况时，应将试验值舍去，另行选择一个试件重新试验。

9.2.2　检测条件

（1）在工程现场外进行试验时，试件及相关条件应与工程中采用的建筑锚栓的类型、规格型号。

（2）基材强度等级、施工工艺和环境条件相同。

在工程现场检测时，当现场操作环境不符合仪器设备使用要求时，应采取有效防护措施。

（3）材料要求：

1）混凝土

混凝土基材应坚实，且有较大体量，能承担对被连接件的锚固和全部附加荷载。风化混凝土、严重裂损混凝土、不密实混凝土、结构抹灰层、装饰层等，均不得作为锚固基材。基材混凝土的强度等级不应低于C20。基材混凝土强度指标及弹性模量取值应根据现场实测结果按现行国家标准《混凝土结构设计规范》GB 50010确定。

基材强度应达到规定的设计强度等级；基材表面应坚实、平整、不应有起砂、起壳、蜂窝、麻面、油污等影响锚固承载力的现象，并应清除基材饰面层浮浆，必要时候进行磨平处理。若无设计说明，在锚固深度的范围内应基本干燥。

2）锚栓

混凝土结构所用锚栓的材质可分为碳素钢、不锈钢或合金钢，应根据环境条件的差异及耐久性要求的不同，选用相应品种。锚栓性能应符合中华人民共和国建筑工业行业标准《混凝土用机械锚栓》JG/T 160的相关规定。碳素钢和合金钢锚栓性能能等级应按所用钢材的抗拉强度标准值f_{stk}及曲强比f_{yk}/f_{stk}确定，相应的性能指标按表9-2采用。不锈钢锚栓的性能等级应按所用钢材的抗拉强度标准值f_{stk}及屈服强度f_{yk}确定，相应的性能指标按表9-3采用。化学植筋的钢筋及锚杆，应采用HRB400和HRB335级带肋钢筋及Q235和Q345钢螺杆。钢筋的强度指标按现行国家标准《混凝土结构设计规范》GB 50010确定。锚栓螺杆的弹性模量可取$E_S = 2.0 \times 10^5$（N/mm^2）。

碳素钢及合金钢锚栓的力学性能指标　　　　　　　　　表 9-2

性能等级		3.6	4.6	4.8	5.6	5.8	6.8	8.8
极限抗拉强度标准值	f_{stk}(N/mm^2)	300	400		500		600	800
屈服强度标准值	f_{yk}(N/mm^2)或 $f_{s,0.2k}$(N/mm^2)	180	240	320	300	400	480	640
伸长率	δ_5（%）	25	22	14	20	10	8	12

奥氏体不锈钢锚栓的力学性能指标   表 9-3

性能等级	螺纹直径（mm）	极限抗拉强度标准值 f_{stk}（N/mm²）	屈服强度标准值 f_{yk} 或 $f_{s,0.2k}$（N/mm²）	伸长值 δ
50	≤39	500	210	0.6d
70	≤24	700	450	0.4d
80	≤24	800	600	0.3d

3）锚固胶

用于植筋的胶粘剂按照材料的性质可分为有机类和无机类，胶粘剂性能应符合现行行业标准《混凝土结构工程用锚固胶》JG/t 340 相关规定。

用植筋的有机胶粘剂应采用改性环氧树脂类或改性乙烯基酯类材料，其固化剂不应使用乙二胺。

4）锚孔应符合设计或产品安装说明书的要求，无具体要求时，应符合表9-4、表9-5的要求。

锚孔质量要求   表 9-4

锚固种类	钻孔深度允许偏差（mm）	垂直度允许偏差（°）	位置允许偏差（mm）
膨胀型锚栓和扩孔型锚栓	+10 −0	5	5
扩孔型锚栓的扩孔	+5 −0	5	
化学植筋	+20 −0	5	

膨胀型锚栓及扩孔型锚栓锚孔直径允许公差（mm）   表 9-5

锚栓直径	锚孔公差	锚栓直径	锚孔公差
6～10	≤+0.4	12～18	≤+0.5
20～30	≤+0.6	32～37	≤+0.7
≥40	≤+0.8		

5）建筑锚栓的安装偏差应符合设计要求；对于粘接型锚栓、植筋和螺杆，试验时胶粘剂或锚固胶的固化时间应达到相关标准要求。

① 锚栓的安装方法，应根据设计选型及连接构造的不同，分别采用预插式安装、穿透式安装或离开基面的安装。

② 锚栓安装前，应彻底清除表面附着物、浮锈和油污。

③ 扩孔型锚栓和膨胀型锚栓的锚固操作应按产品说明书规定进行。

④ 化学植筋的安装应根据锚固胶的施用形态（管装式、机械注入式、现场配置式）和方向（向上、向下、水平）的不同采用相应的方法。化学植筋的焊接，应考虑焊接高温对胶的不良影响，采用有效的降温措施，离开基面的钢筋预留长度应不小于20d，且不小于200mm。

⑤ 化学植筋置入锚孔后，在固化完成之前，应按照厂家所提供的养生条件进行固化

养生，固化时间禁止扰动。

⑥ 后锚固连接施工质量应符合设计要求和产品说明书的规定，当无具体要求时，应符合表 9-6 的要求。

锚固质量要求　　　　　　　　表 9-6

锚栓种类	预紧力	锚固深度（mm）	膨胀位移
扭矩控制式膨胀型锚栓	±15%	0，+5	—
扭矩控制式扩孔型锚栓	±15%	0，+5	—
位移控制式膨胀型锚栓	±15%	0，+5	0，+2

6）试件的环境温度和湿度应与给定的锚固系统参数要求相适应。

9.2.3　加载方式

（1）检验锚固拉拔承载力的加载方式可分为连续加载和分级加载，可根据实际条件选用。

（2）进行非破损检验时，施加荷载应符合下列规定：

1）连续加载时，应以均匀速率在 2～3min 时间内加载至设定的检验荷载，并持荷 2min；

2）分级加载时，应将设定的检验荷载分为 10 级，每级持荷 1min，直至设定的检验荷载，并持荷 2min；

3）荷载检验值应取 $0.9f_{yk}A_s$ 和 0.8NRk，∗ 的较小值。NRk，∗ 为非钢材破坏承载力标准值。

（3）进行破坏性检验时，施加荷载应符合下列规定：

1）连续加载时，对锚栓应以均匀速率在 2～3min 时间内加载至锚栓破坏，对植筋应以均匀速率在 2～7min 时间内加荷至锚固破坏；

2）分级加载时，前 8 级，每级荷载增量应取 $0.1N_u$，且每级持荷 1～1.5min；自第 9 级起，每级荷载增量应取为 $0.05N_u$，且每级持荷 30s，直至锚固破坏。N_u 为计算的破坏荷载值。

9.3　数据处理与结果评定

9.3.1　检验评定规定

非破损检验的评定，应按下列规定进行：

（1）试样在持荷间，锚固件无滑移、基材混凝土无裂纹或其他局部损坏迹象出现，且加载装置的荷载示值在 2min 内无下降或下降幅度不超过 5% 的检验荷载时，应评定为合格；

（2）当一个检验批所抽取的试样全部合格时，该检验批应评定为合格检验批；

（3）当一个检验批中不合格的试样不超过 5% 时，应另抽 3 根试样进行破坏性试验，若检验结果全部合格，检验批可评定为合格检验批；

（4）当一个检验批中不合格的试样超过 5% 时，该检验批应评定为不合格，且不应重做检验。

9.3.2 质量合格要求

（1）锚固破坏性检验发生混凝土破坏，检验结果应满足下列要求时，其锚固质量应评定为合格：

$$R_{Rm}^c = \gamma_{u,lim} N_{Rk}, * \tag{9-1}$$

$$R_{Rmin}^c \geqslant N_{Rk}, * \tag{9-2}$$

式中　R_{Rm}^c——受剪锚固件极限抗拔承载力平均值（N）；

$\quad\quad R_{Rmin}^c$——受剪锚固件极限抗拔承载力实测最小值（N）；

$\quad\quad N_{Rk}, *$——混凝土破坏受检锚固件极限抗拔力标准值（N），按《混凝土结构后锚固技术规程》JGJ 145 第 6 章有关规定计算；

$\quad\quad \gamma_{u,lim}$——锚固承载力检验系数允许值，$\gamma_{u,lim}$ 取为 1.1。

（2）锚栓破坏性检验发生钢材破坏，检验结果满足下列要求时，其锚固质量应评定为合格。

$$N_{Rmin}^c \geqslant \frac{f_{stk}}{f_{yk}} N_{Rk,s} \tag{9-3}$$

式中　N_{Rmin}^c——受检验锚固件极限抗拔力最小值（N）

$\quad\quad N_{Rk,s}$——锚栓钢材破坏受拉承载力标准值（N），按《混凝土结构后锚固技术规程》JGJ 145 第 6 章有关规定计算。

（3）植筋破坏性检验结果满足下列要求时，其锚固质量应评定为合格：

$$N_{Rm}^c \geqslant 1.45 f_y A_s \tag{9-4}$$

$$N_{Rmin}^c \geqslant 1.25 f_y A_s \tag{9-5}$$

式中　N_{Rm}^c——受检锚固件极限抗拔承载力平均值（N）；

$\quad\quad N_{Rmin}^c$——受检验锚固件极限抗拔力最小值（N）；

$\quad\quad f_y$——植筋用钢筋的抗拉强度设计值（N/mm²）；

$\quad\quad A_s$——钢筋截面面积（mm²）。

（4）当检验结果不满足第 3.1 条、第 3.2、第 3.3 条及第 3.4 条规定时，应判定该检验批后锚固连接不合格，并会同有关部门根据检验结果，研究采取专门措施处理。

9.4　工 程 实 例

某项目采用加大截面法进行加固，现场植筋共 99 根，钢筋等级 HRB400，直径为 25mm，结构构件为一般构件，现场进行锚固承载力检验。

（1）抽样数量及检验方法：依据《混凝土结构后锚固技术规程》JGJ 145 附录 C，抽取 3 件进行非破损检验；

（2）检验荷载：依据《混凝土结构后锚固技术规程》JGJ 145 附录 C，

检验荷载值取 $0.9 f_{yk} A_s = 0.9 \times 400 \times 491 = 176$kN；

（3）加载方式：采用连续加载，在 3min 内加载至 176kN，并持荷 2min；

（4）检验结果评定：现场抽取的 3 个试件达到 176kN 并持荷 2min，混凝土及钢筋均未出现异常，评定为合格。

第10章 建筑物变形检测

10.1 概　述

建筑变形检测是指每隔一定的时期，对控制点和观测点进行重复测量，通过计算不同检测对象、控制点相邻两次测量的变形量及累计变形量来确定建筑物的变形值和分析变形规律。

依据《建筑变形测量规范》JGJ 8，下列建筑在施工和使用期间应进行变形测量：

1. 地基基础设计等级为甲级的建筑；

2. 复合地基或软弱地基上的设计等级为乙级的建筑；

3. 加层、扩建建筑；

4. 受邻近深基坑开挖施工影响或受场地地下水等环境因素变化影响的建筑；

5. 需要积累经验或进行设计分析的建筑。

建筑结构或其构件变形的检测可分为：建筑基础不均匀沉降与变形检测；建筑物整体（或竖直构件）倾斜与裂缝检测；梁、板、网架等水平构件的挠度检测。

建筑变形测量工作开始前，应根据建筑地基基础设计的等级和要求、变形类型、测量目的、任务要求以及测区条件进行施测方案设计，确定变形测量的内容以及建筑变形测量的级别、精度指标及其适用范围应符合表 10-1 的规定（出自《建筑变形测量规范》JGJ 8）。

建筑变形测量的级别、精度指标及其适用范围　　　　　表 10-1

变形测量级别	沉降观测	位移观测	主要使用范围
	观测点测站高差中误差	观测点坐标中误差	
特级	±0.05	±0.3	特高精度要求的特种精密工程的变形测量
一级	±0.15	±1.0	地基基础设计为甲级的建筑的变形测量；重要的古建筑和特大型市政桥梁等变形测量
二级	±0.5	±3.0	地基基础设计为甲、乙级的建筑的变形测量；场地滑坡测量；重要管线的变形测量；地下工程施工及运营中变形测量；大型市政桥梁等变形测量
三级	±1.5	±10.0	地基基础设计为乙、丙级的建筑的变形测量；地表、道路及中小型市政桥梁等变形测量

注：1. 观测点测站高差中误差，系指水准测量的测站高差中误差或静力水准测量、电磁波测距三角高程测量中相邻观测点相应测段间等价的相对高差中误差；

　　2. 观测点坐标中误差，系指观测点相对测站点（如工作基点）的坐标中误差、坐标差中误差以及等价的观测点相对基准线的偏差值中误差、建筑或构件相对底部固定点的水平位移分量中误差；

　　3. 观测点点位中误差为观测点坐标中误差 $\sqrt{2}$ 倍；

　　4. 以中误差作为衡量精度的标准，并以二倍中误差作为极限误差。

另外，规范对以下几种工程测量误差尚有规定：

（1）受基础施工影响的位移、挡土设施位移等局部地基位移的测定中误差，不应超过其变形允许值分量的 1/20。变形允许值分量应按变形允许值的 1/2 采用；

（2）建筑的顶部水平位移、工程设施的整体垂直挠曲、全高垂直度偏差、工程设施水平轴线偏差等建筑整体变形的测定中误差，不应超过其变形允许值分量的 1/10；

（3）高层建筑层间相对位移、竖直构件的挠度、垂直偏差等结构段变形的测定中误差，不应超过其变形允许值分量的 1/6；

（4）基础的位移差、转动挠曲等相对位移的测定中误差，不应超过其变形允许值分量的 1/20；

（5）对于科研及特殊目的的变形量测定中误差，可根据需要将上述各项中误差乘以 (1/5)～(1/2) 系数后采用。

建筑物的不均匀沉降、倾斜可以作为评判地基、基础工作状况的重要辅助信息，因此，建筑物的不均匀沉降和倾斜为建筑物变形检测中的必检项目。

10.2　建筑物不均匀沉降检测

建筑物在施工期间及竣工后，由于自然条件即建筑物地基的工程地质、水文地质、大气温度、土壤的物理性质等的变化和建筑物本身的荷重、结构、形式及动荷载的作用，建筑物产生均匀或不均匀的沉降，尤其不均匀沉降将导致建筑物开裂、倾斜甚至倒塌。建筑物沉降观测是通过采用相关等级及精度要求的水准仪，通过在建筑物上所设置的若干观测点定期观测相对于建筑物附近的水准点的高差随时间的变化量，获得建筑物实际沉降的变化或变形趋势，并判断沉降是否进入稳定期和是否存在不均匀沉降对建筑物的影响，建筑物沉降观测应测定建筑及地基的沉降量、沉降差及沉降速度。

沉降观测的几个主要参数和基本概念如下：

(1) 高程的基本概念

① 绝对高程：地面点到大地水准面的铅垂距离，称为该点的绝对高程，也叫"海拔"。

② 建筑标高：在工程设计中，每一个独立的单位工程都有它自身的高度起算面，一般取首层室内地坪高度为 ±0.000，单位工程本身各部位的高度都是以 ±0.000 为起算面算起的相对标高，称为建筑标高。

③ 设计高程：工程设计人员在施工图中明确给出该单位工程的 ±0.000（相当于绝对高程值），这个确定的绝对高程值称为设计高程，也叫设计标高。

④ 相对高程：当引用绝对高程有困难时，可采用假定的水准面作为起算高程的基准面，地面点到假定水准面的铅垂距离，称为相对高程。

⑤ 高差：两个地面点之间的高程差称为高差。

(2) 水准点 (BM)

水准点有永久性和临时性两种。由测绘部门，按照国家规范埋设和测定的已知高程的固定点，作为在其附近进行水准测量时候的高程依据，称为永久水准点。

(3) 误差的概念

① 系统误差：在等精度观测中，对一个量进行多次观测，如果误差在大小，符号上表现出一致的倾向，或者按一定的规律变化，或保持常数，这种误差称为系统误差。

② 偶然误差：在等精度观测中，对一个量进行多次观测，如果误差在大小和符号没有规律性，这种误差称为偶然误差。

③ 中误差（均方误差）m：数理统计学中叫标准差，在一组观测条件相同的观测值中，各观测值与真值之差叫作真误差，以 Δ_i 表示，观测次数为 n，则表示该组观测值的中误差（均方误差）m 的计算式为：

$$m = \pm\sqrt{\frac{[\Delta\Delta]}{n}} \tag{10-1}$$

上式中，n——观测值的个数；

$$[\Delta\Delta] = \Delta_1^2 + \Delta_2^2 + \Delta_3^2 + \cdots + \Delta_n^2 \tag{10-2}$$

m 值小即表示观测精度较好，反之则表示观测精度差。

④ 允许误差：又称极限误差或限差，是指在一定观测条件下偶然误差绝对值不应超过的限值。是区分观测成果是否合格的界限。在测量中常取 2～3 倍的中误差作为允许误差。

⑤ 闭合差：由一个已知高程点起，按一个环线向施工现场各欲求高程点引测后，又闭合回到起始的已知高程点，各段高差的总和即为闭合差。

⑥ 平差：在水准路线上有若干个待求高程点，如果测得误差在允许范围内，则认为各测站产生的误差是相等的，对闭合差要按测站数成正比例反符号分配，即对高差进行改正使闭合差等于零。该调整计算过程即为平差。

10.2.1　沉降观测布点原则及埋设

1. 测点布置原则

(1) 作为观测开始之前的第一步，如何合理布置测点将是高效、准确完成检测观测任务的首要条件。

1）建筑的四角、核心筒四角、大转角处及沿外墙每 10～20m 处或每隔 2～3 根柱基上；

2）高低层建筑、新旧建筑、纵横墙等交接处的两侧；

3）建筑裂缝、后浇带和沉降缝两侧、基础埋深相差悬殊处、人工地基与天然地基接壤处、不同结构的分界处及填挖方分界处；

4）对于宽度大于等于 15m 或小于 15m，而地质复杂以及膨胀土地区的建筑，应在承重内隔墙中部设内墙点，并在室内地面中心及四周设地面点；

5）邻近堆置重物处、受振动有显著影响的部位及基础下的暗浜（沟）处；

6）框架结构建筑的每个或部分柱基上或沿纵横轴线上；

7）筏形基础、箱形基础底板或接近基础的结构部分之四角处及其中部位置；

8）重型设备基础和动力设备基础的四角、基础形式或埋深改变处以及地质条件变化处两侧；

9）对于电视塔、烟囱、水塔、油罐、炼油塔、高炉等高耸建筑，应设在沿周边与基础轴线相交的对称位置上，点数不少于 4 个。

（2）不均匀沉降测点方案确定后，下一步工作将是水准点的选定。建筑物的不均匀沉降观测是根据建筑物附近的水准点进行的，所以这些水准点必须坚固稳定。为了对水准点进行相互校核，防止其本身产生变化，水准点的数目应尽量不少于 3 个，以组成水准网。对水准点要定期进行高程检测，以保证沉降观测成果的正确性。

在布设水准点时应考虑下列因素：

1）水准点应尽量与观测点接近，其距离不应超过 100m，以保证观测的精度；

2）水准点应布设在受振区域以外的安全地点，以防止受到振动的影响；

3）离开公路、铁路、地下管道和滑坡至少 5m。避免埋设在低洼易积水处及松软土地带；

4）为防止水准点受到冻胀的影响，水准点的埋设深度至少要在冰冻线下 0.5m。

在一般情况下，可以利用工程施工时使用的水准点，作为沉降观测的水准基点。如果由于施工场地的水准点离建筑物较远或条件不好，为了便于进行沉降观测和提高精度，可在建筑物附近另行埋设水准基点。

沉降观测水准点的形式与埋设要求，一般与三、四等水准点相同，但也应根据现场的具体条件、沉降观测在时间上的要求等决定。

当观测急剧沉降的建筑物和构筑物时，若建造水准点已来不及，可在已有房屋或结构物上设置标志作为水准点，但这些房屋或结构物的沉降必须证明已经达到终止。在山区建筑检测工程中，建筑物附近常有基岩，可在岩石上凿一洞，用水泥砂浆直接将金属标志嵌固于岩层之中，但岩石必须稳固。当场地为砂土或其他不利情况下，应建造深埋水准点或专用水准点。

沉降观测点首次观测的高程值是以后各次观测用以进行比较的根据，如初测精度不够或存在错误，不仅无法补测，而且会造成沉降工作中的矛盾现象，因此必须提高初测精度。如有条件，最好采用 N2 或 N3 类型的精密水准仪进行首次高程测定。同时每个沉降观测点首次高程，应在同期进行两次观测后决定。

观测点的位置和数量，应根据基础的构造、荷重以及工程地质和水文地质的情况而定。高层房屋建筑物应沿其周围每隔 15～30m 设一点，房角、纵横墙连接处及沉降缝的两旁均应设置观测点。工业厂房的观测点可布置在基础、柱子、承重墙及厂房转角处。点的密度视厂房结构、吊车起重量及地基土质情况而定。厂房扩建时，应在连接处两侧布置观测点。大型设备基础及较大动荷载的周围、基础形式改变处及地质条件变化之处，皆容易产生沉降，必须布设适量观测点。烟囱、水塔、高炉、油罐、炼油塔等圆形构筑物，则应在其基础的对称轴线上布设观测点。总之，观测点应设置在能表示出沉降特征的地点。

观测点布置合理，就可以全面地精确地查明沉降情况。如观测点的布置不便于测量时，检测工作人员应与相关负责人员协商，选择合理的布置方案。所有观测点应以 1∶100～1∶500 的比例尺绘出平面图，并加以编号，以便进行观测和记录。

（3）对观测点的要求如下：

1）观测点本身应牢固稳定，确保点位安全，能长期保存；

2）观测点的上部必须为突出的半球形状或有明显的突出之处，与柱身或墙身保持一定的距离；

3）要保证在点上能垂直置尺和良好的通视条件。

2. 观测形式和埋设

沉降观测点的形式和设置方法应根据工程性质和施工条件来确定或设计。

（1）民用建筑沉降观测点的形式和埋设

一般民用建筑沉降观测点，大都设置在外墙勒脚处。观测点埋在墙内的部分应大于露出墙外部分的 5～7 倍，以便保持观测点的稳定性。一般常用的几种观测点如下：

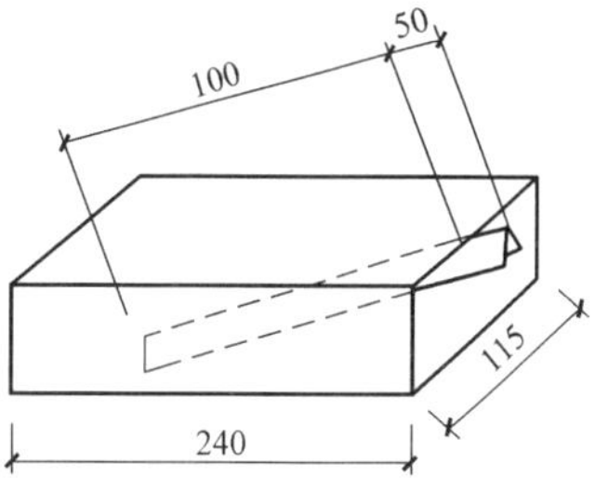

1）预制墙式观测点（图 10-1），它是由混凝土预制而成，其大小可做成普通黏土砖规格的 1～3 倍，中间嵌

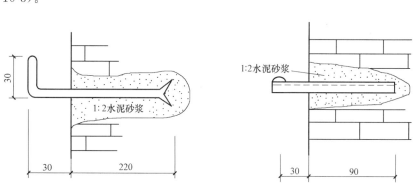

图 10-1　预制墙式观测点

以角钢，角钢棱角向上，并在一端露出 50mm。在砌砖墙勒脚时，将预制块砌入墙内，角钢露出端与墙面夹角为 50°～60°。

2）利用直径 20mm 的钢筋，一端弯成 90°角，一端制成燕尾形埋入墙内（图 10-2）。

3）用长 120mm 的角钢，在一端焊一铆钉头，另一端埋入墙内，并以 1∶2 水泥砂浆填实（图 10-3）。

图 10-2　燕尾形观测点

图 10-3　角钢埋设观测点

（2）设备基础观测点的形式及埋设

一般利用铆钉或钢筋来制作，然后将其埋入混凝土内，其形式如下：

1）垫板式　用长 60mm、直径 20mm 的铆钉，下焊 40mm×40mm×5mm 的钢板（图 10-4a）；

2）弯钩式　将长约 100mm、直径 20mm 的铆钉一端弯成直角（图 10-4b）；

3）燕尾式　将长 80～100mm、直径 20mm 的铆钉，在尾部中间劈开，做成夹角为 30°左右的燕尾形（图 10-4c）；

4）U 字式　用直径 20mm、长约 220mm 左右的钢筋弯成 U 形，倒埋在混凝土之中（图 10-4d）。

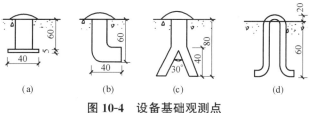

(a)　　(b)　　(c)　　(d)

图 10-4　设备基础观测点

如观测点使用期长，应埋设有保护盖的永久性观测点（图 10-5a）。对于一般工程，如因施工紧张而观测点加工不及时，可用直径 20～30mm 的铆钉或钢筋头（上部锉成半球状）埋置于混凝土中作为观测点（图 10-5b）。

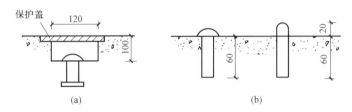

图 10-5　久性观测点

（3）在埋设观测点时应注意下列事项：

1）铆钉或钢筋埋在混凝土中露出的部分，不宜过高或太低，高了易被碰斜撞弯；低了不易寻找，而且水准尺置在点上会与混凝土面接触，影响观测质量。

2）观测点应垂直埋设，与基础边缘的间距不得小于 50mm，埋设后将四周混凝土压实，待混凝土凝固后用红油漆编号。

3）埋点应在基础混凝土将达到设计标高时进行。如混凝土已凝固需增设观测点时，可用钢凿在混凝土面上确定的位置凿一洞，将标志埋入，再以 1：2 水泥砂浆灌实。

（4）柱基础及柱身观测点

柱基础沉降观测点的形式和埋设方法与设备基础相同。但是当柱子安装后进行二次灌浆时，原设置的观测点将被砂浆埋掉，因而必须在二次灌浆前，及时在柱身上设置新的观测点。

柱身观测点的形式及设置方法如下。

1）钢筋混凝土柱　用钢凿在柱子±0.000 标高以上 10～50cm 处凿洞（或在预制时留孔），将直径 20mm 以上的钢筋或铆钉，制成弯钩形，平向插入洞内，再以 1：2 水泥砂浆填实（图 10-6a）。亦可采用角钢作为标志，埋设时使其与柱面呈 50°～60°的倾斜角（图 10-6b）。

2）钢柱　将角钢的一端切成使脊背与柱面呈 50°～60°的倾斜角，将此端焊在钢柱上（图 10-7a）；或者将铆钉弯成钩形，将其一端焊在钢柱上（图 10-7b）。

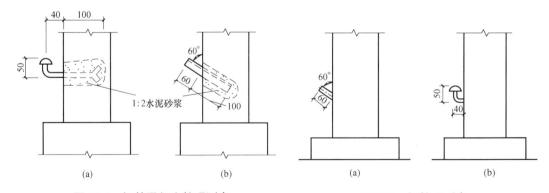

图 10-6　钢筋混凝土柱观测点　　　　图 10-7　钢柱观测点

3）在柱子上设置新的观测点时应注意事项：

① 新的观测点应在柱子校正后二次灌浆前，将高程引测至新的观测点上，以保持沉降观测的连贯性；

② 新旧观测点的水平距离不应大于 1.5m，以保证新旧点的观测成果的相互联系。新旧点的高差不应大于 1.5m，以免由旧点高程引测于新点时，因增加转点而产生误差；

③ 观测点与柱面应有 30～40mm 的空隙，以便于放置水准尺；

④ 在混凝土柱上埋标时，埋入柱内的长度应大于露出的部分，以保证点位的稳定。

10.2.2　沉降观测作业要求

1. 沉降观测的时间和次数

沉降观测的时间和次数，应根据建筑对象检测类型、工程性质、工程进度、地基土质情况、沉降速度及基础荷重增加情况等决定。

（1）在施工期间沉降观测次数：

1）较大荷重增加前后（如基础浇灌、回填土、安装柱子、房架、砖墙每砌筑一层楼、设备安装、设备运转、工业炉砌筑期间、烟囱每增加 15m 左右等），均应进行观测；

2）如施工期间中途停工时间较长，应在停工时和复工前进行观测；

3）当基础附近地面荷重突然增加，周围大量积水及暴雨后或周围大量挖方等，均应观测。

（2）工程投产后的沉降观测时间：

工程投入生产后，应连续进行观测，观测时间的间隔，可按沉降量大小及速度而定，在开始时间隔短一些，以后随着沉降速度的减慢，可逐渐延长，直到沉降稳定为止。

2. 沉降观测工作的要求

沉降观测是一项较长期的系统观测工作，为了保证观测成果的正确性，应尽可能做到四定：

（1）固定人员观测和整理成果；

（2）固定使用的水准仪及水准尺；

（3）使用固定的水准点；

（4）按规定的日期、方法及路线进行观测。

3. 对使用仪器的要求

对于一般精度要求的沉降观测，要求仪器的望远镜放大率不得小于 24 倍，气泡灵敏度不得大于 15"/2mm（有符合水准器的可放宽一倍）。可以采用适合四等水准测量的水准仪。但精度要求较高的沉降观测，应采用相当于 N2 或 N3 级的精密水准仪。

4. 确定沉降观测的路线并绘制观测路线图

在进行沉降观测时，因施工或生产的影响，造成通视困难，往往为寻找设置仪器的适当位置而花费时间。因此对观测点较多的建筑物、构筑物进行沉降观测前，应到现场进行规划，确定安置仪器的位置，选定若干较稳定的沉降观测点或其他固定点作为临时水准点（转点），并与永久水准点组成环路。最后，应根据选定的临时水准点、设置仪器的位置以及观测路线，绘制沉降观测路线图（图 10-8）。以后每次都按固定的路线观测。采用这种方法进行沉降测量，不仅避免了寻找设置仪器位置的麻烦，加快施测进度；而且由于路线固定，比任意选择观测路线可以提高沉降测量的精度。但应注意必须在测定临时水准点高程的同一天内同时观测其他沉降观测点。

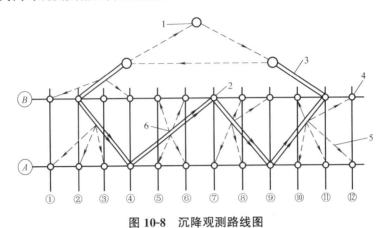

图 10-8　沉降观测路线图

1—沉降观测水准点；2—作为临时水准点的观测点；3—观测路线；

4—沉降观测点；5—前视线；6—置仪器位置

5. 作业中应遵守的规定

（1）观测应在成像清晰、稳定时进行；

（2）仪器离前、后视水准尺的距离要用皮尺丈量，或用视距法测量，视距一般不应超过 50m，前后视距应尽可能相等；

（3）前、后视观测最好用同一根水准尺；

（4）前视各点观测完毕以后，应回视后视点，最后应闭合于水准点上。

6. 沉降观测精度及成果整理

由于建筑物沉降观测属于随时间推移而可能存在变化的变形测量，所以其观测精度在符合本章表 10-1 要求的同时，又有其特殊的要求，如下所列：

（1）连续生产设备基础和动力设备基础、高层钢筋混凝土框架结构及地基土质不均匀的重要建筑物，沉降观测点相对于后视点高差测定的允许偏差为±1mm（即仪器在每一测站观测完前视各点以后，再回视后视点，两次读数之差不得超过 1mm）。

（2）一般厂房、基础和构筑物，沉降观测点相对于后视点高差测定的允许偏差为±2mm。

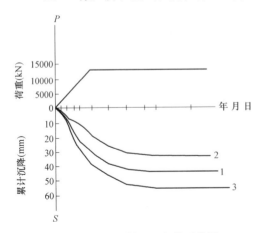

图 10-9　时间-沉降关系曲线

（3）每次观测结束后，要检查记录计算是否正确，精度是否合格，并进行误差分配，然后将观测高程列入沉降观测成果表中，计算相邻两次观测之间的沉降量，并注明观测日期和荷重情况。为了更清楚地表示沉降、时间、荷重之间的相互关系，还要画出每一观测点的时间与沉降量的关系曲线及时间与荷重的关系曲线，如图 10-9 所示。

（4）沉降是否稳定由"时间-沉降关系曲线"判断，一般当沉降速度小于 0.1mm/月时，认为沉降已稳定。沉降差的计算可判断建筑物不均匀沉降的情况，若建筑物不均匀沉降速率加大，还应调整观测方案并增加观测点、加密观测时间，如图 10-9 所示。

时间与沉降量的关系曲线，系以沉降量 S 为纵轴，时间 T 为横轴，根据每次观测日期和每次下沉量按比例画出各点，然后将各点连接起来，并在曲线的一端注明观测点号。

时间与荷重的关系曲线，系以荷载的重量 P 为纵轴，时间 T 为横轴，根据每次观测日期和每次的荷载重量画出各点，然后将各点连接起来。

两种关系曲线合画在同一图上，以便能更清楚地表明每个观测点在一定时间内，所受到的荷重及沉降量。

10.3　建筑物整体倾斜检测

建筑物整体（或竖直构件）的倾斜检测，一般可采用经纬仪、激光定位仪、三轴定位仪或铅吊线锤的方法测定。

在检测建筑物整体或建筑墙、柱等竖向构件之前，首先要在进行倾斜观测的建筑物上设置上、下两点或上、中、下三点标志，作为观测点，各点应位于同一垂直视准面内。如图 10-10 所示，M、N 为观测点。如果建筑物发生倾斜，MN 将由垂直线变为倾斜线。观测时，经纬仪的位置距离建筑物应大于建筑物的高度，瞄准上部观测点 M，用正倒镜法向下投点得 N′，如 N′ 与 N 点不重合，则说明建筑物发生倾斜，以 a 表示 N′、N 之间的水平距离，a 即为建筑物的倾斜值。若以 H 表示其高度，则该构件或建筑的倾斜度为：

$$i = \arcsin(a/H) \tag{10-3}$$

高层建筑物的整体倾斜观测，必须分别在互成垂直的两个方向上进行。

当测定圆形构筑物（如烟囱、水塔、炼油塔）的倾斜度时（图 10-11），首先要求得顶部中心对底部中心的偏距。为此，可在构筑物底部放一块木板，木板要放平放稳。用经纬仪将顶部边缘两点 A、A′ 投影至木板上而取其中心 A_0，再将底部边缘上的两点 B 与 B′ 也投影至木板上而取其中心 B_0，A_0B_0 之间的距离 a 就是顶部中心偏离底部中心的距离。同法可测出与其垂直的另一方向上顶部中心偏离底部中心的距离 b。再用矢量相加的方法，即可求得建筑物总的偏心距即倾斜值。即：

$$c = \sqrt{a^2 + b^2} \tag{10-4}$$

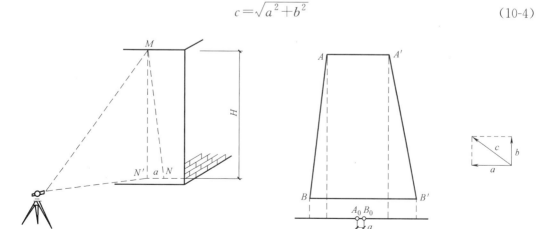

图 10-10　倾斜观测　　　　　　　　　　图 10-11　偏心距观测

构筑物的倾斜度为：

$$i = c/H \qquad\qquad (10\text{-}5)$$

根据以上测算结果，即可描述墙、柱或建筑物的倾斜量。

10.4 建筑物裂缝检测

建筑物的裂缝检测，采用直尺，钢卷尺，裂缝测宽仪，裂缝深度仪，裂缝塞尺等器具进行裂缝长度、深度、宽度以及裂缝走向的标记及检测。

建筑物出现（存在）裂缝，是对建筑当前所处状态最直观的反应。所以，对建筑物的裂缝检测在安全性缺陷整体评价中是较为重要的环节。对于不同建筑结构形式、不同因素造成的构件开裂裂缝，还应根据建筑所处状态、环境来综合考虑裂缝检测的方法方案。有时，需要精密结合裂缝发展的状态形式，及时调整裂缝检测的方案。

除了应用以上仪器工具作为裂缝检测的方法手段外，有必要对裂缝发展规律做检测及了解及跟踪观察，以便及时发现影响结构安全性能的裂缝。通常，除了要增加沉降观测的次数外，应立即进行裂缝变化的观测。为了观测裂缝的发展情况，要在裂缝处设置观测标志。设置标志的基本要求是，当裂缝开展时标志就能相应的开裂或变化，正确地反映建筑物裂缝发展情况。其形式有下列两种：

1. 石膏板标志

用厚 10mm，宽 50～80mm 的石膏板（长度视裂缝大小而定），在裂缝两边固定牢固。当裂缝继续发展时，石膏板也随之开裂，从而观察裂缝继续发展的情况。

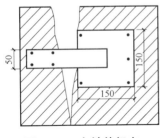

图 10-12 白铁片标志

2. 白铁片标志

如图 10-12 所示，用两块白铁片，一片取 150mm×150mm 的正方形，固定在裂缝的一侧，并使其一边和裂缝的边缘对齐。另一片为 50mm×200mm，固定在裂缝的另一侧，并使其中一部分紧贴相邻的正方形白铁片。当两块白铁片固定好以后，在其表面均涂上红色油漆。如果裂缝继续发展，两白铁片将逐渐拉开，露出正方形白铁上原被覆盖没有涂油漆的部分，其宽度即为裂缝加大的宽度，可用尺子量出。

10.5 梁、板、桁架等水平构件的挠度检测

10.5.1 梁、板挠度检测

挠度是指建（构）筑物或其构件在水平方向或竖直方向上的弯曲值。挠度观测就是通过一定的技术、仪器或方法对这种弯曲的程度进行测量和分析。对于建筑结构构件的挠度，可采用激光测距仪、激光扫平仪、水准仪、全站仪或拉线等方法检测。

梁、板结构跨中挠度变形测量的方法是在梁、板构件支座之间用仪器找出一个水平面或水平线，然后测量构件的跨中部位、两端支座与水平线（面）之间的距离，利用所测数

值计算分析梁、板构件的挠度值。另外，采用水准仪、全站仪等仪器测量梁、板跨中挠度变形，其检测数据精度较"拉线"法精确。具体检测操作方法如下：

1. 将标杆分别垂直立于梁、板构件的两端和跨中，通过仪器或拉线为基准测出同一水准高度时标杆上的读数。

2. 将测得的两端和跨中的读数相比较即可求得梁、板构件的跨中挠度值：

$$\theta = \theta_0 - \frac{\theta_1 + \theta_2}{2} \tag{10-6}$$

式中　θ_0，θ_1，θ_2——分别为构件跨中和两端标杆的读数。

用水准仪量测标尺标杆读数时，至少测读 3 次，并以 3 次读数的平均值作为每个位置的标尺标杆读数。

10.5.2　桁架挠度检测

对于桁架工程的挠度值，可采用红外线激光测距仪结合水准仪的方法对桁架挠度进行检测。

桁架挠度检测方法介绍如下：对于跨度 24m 及以下的桁架结构，需测量下弦中央一点；跨度 24m 以上的桁架需测量下弦中央一点及各下弦跨度四等分点的挠度。架好水准仪并调平后，首先在 C_1 处放置水准尺（如图 10-13 所示），此时水准仪的测量读数记为 h_1，然后再将红外线激光测距仪于水准尺测量的同一位置 C_1 进行测距，测量出地面与被测下弦杆或节点的距离，记为 L_1，则二者的差值（$L_1 - h_1$）即为水准仪所确定的水准面距被测下弦杆件或节点的距离；同理即可测得其他桁架下弦任意一点 C_n 的（$L_n - h_n$）值。从而可检测计算得出桁架挠度值。

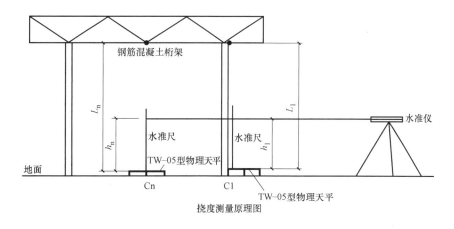

图 10-13　桁架挠度值观测

依据有关标准规定，桁架结构的实测挠度值不得超过相应设计值的 15%，用这种方法测量挠度，检测工作人员均可在地面进行操作，测量结果比较精准。

第 11 章　建筑物耐久性评估

11.1　概　　述

结构耐久性是指在设计确定的环境作用和维修、使用条件下，结构构件在设计使用年限内保持其适用性和安全性的能力。建筑结构在使用过程中会出现不同程度的耐久性损伤，造成结构不能达到预期的设计使用功能要求；或是因为建筑服役年限过长，处于不同的环境作用下造成的耐久性损伤。建筑结构的耐久性问题现已成为国内外结构工程界关注的焦点。最新版的《建筑结构检测技术标准》GB/T 50344—2019 和《民用建筑可靠性鉴定标准》GB 50292—2015 对我国常见结构的耐久性能检测和评估做出了规定，但影响耐久性的因素十分复杂，目前的研究还不全面，迫切需要进一步的研究、补充和完善。

结构工程质量判定为存在影响结构抵抗环境侵蚀能力或长期性能的结论时，可采用下列方法进行定量的评定：（1）从现场取样进行快速检验或放置观测；（2）用工程施工的原材料在试验室制备试样进行快速检验或放置观测。

为既有结构耐久性评定所实施的现场检测应确定既有结构的下列状况：（1）确定已出现耐久性极限状态标志或达到耐久性限值的构件和连接；（2）测定构件材料性能劣化的状况和有害物质的含量。

对于已经出现耐久性极限标志的构件或连接，应进行构件承载能力的评定和适用性评定，在评定时应考虑不可恢复性损伤对构件性能的实际影响。对于未出现耐久性极限状态标志或未达到限值的构件和连接，可采用下列方法推定耐久年数或剩余使用年数：

（1）经验的方法；

（2）依据实际劣化情况验证或校准已有模型的方法；

（3）基于快速检验的方法；

（4）其他适用的方法等。

11.2　混凝土结构耐久性检测

影响混凝土结构耐久性的重要参数主要有：结构所处环境的温度和湿度、混凝土强度等级、混凝土保护层厚度、混凝土碳化深度、氯离子含量、混凝土渗透性、硫酸盐含量、碱-骨料反应、混凝土裂缝、临海建筑混凝土表面氯离子浓度及其沿构件深度的分布、严寒及寒冷地区混凝土饱水程度、混凝土构件锈蚀状况、冻融损伤程度。混凝土结构的耐久性检测和评估，应按相关现行国家标准、规范的要求对上述参数性能等进行检测。

11.2.1　稳定氯离子侵入环境的氯离子侵入深度剩余年数推定

稳定氯离子侵入环境的氯离子侵入深度剩余年数可采用下列基于实测数据调整已有扩散公式的方法推定：

（1）结构混凝土表面氯离子含量和氯离子侵入深度的平均值应取样测定；

（2）氯离子侵入参数可分别用下列方法表示：

1）氯离子侵入深度的平均值可用 D_1 表示；

2）混凝土受环境中氯离子影响的实际年数可用 t_1 表示。

（3）选定待调整的氯离子扩散公式中的可测定参数宜取样测定。

（4）将氯离子侵入深度测值 D_1 和氯离子影响年数 t_1 代入扩散公式，并应按下列公式对扩散公式进行调整：

1）当扩散公式中扩散系数的参数为可测定时，应调整扩散公式时间参数 t 的指数；

2）当扩散公式中扩散系数参数为不可测定时，应调整扩散公式的扩散系数。

（5）将设定的氯离子侵入深度限定值 C 代入调整后的扩散公式可估计出时间参数 t_2。

（6）氯离子侵入到设定深度 C 的剩余年数 t_3 可按下式计算确定：

$$t_3 = t_2 - t_1$$

式中　t_3——氯离子侵入到设定深度 C 的剩余年数（年）；

　　　t_2——氯离子侵入到设定深度 C 的总的估计年数（年）；

　　　t_1——混凝土已受氯离子侵入的年数（年）。

11.2.2　混凝土剩余碳化年数推断

（1）基于现场实测混凝土碳化数据调整已有碳化公式的混凝土剩余碳化年数

1）碳化年数推断可用于推断钢筋开始锈蚀的剩余年数或钢筋具备锈蚀条件的剩余年数。

2）碳化年数推断可采用利用已有模型的方法和校准已有模型的方法。

3）利用已有模型的方法和校准已有模型的方法均应先测定构件混凝土实际碳化深度 D_0 并确定构件混凝土实际碳化时间 t_0。

混凝土实际碳化深度 D_0 方法测定：

通过对取得的芯样进行碳化深度测试，芯样碳化深度测试步骤如下：

① 将取出的芯样进行冲洗、擦干后，用塑料薄膜包裹。

② 将芯样对中劈开，在两个新劈开面的中间部位喷洒浓度为 1% 的酚酞试液，喷洒量以表面均匀湿润但不流淌。

③ 量测每个劈开面的中间及两侧各 1/4 半径对应部位的碳化深度。

④ 取两个新劈开面共 6 个测点的碳化深度算术平均值作为该芯样碳化深度的代表值。

⑤ 芯样碳化深度的代表值作为该芯样所在部位混凝土性能受影响层的厚度。

碳化深度原位测试（图 11-1），检测表层混凝土性能受影响层厚度可按下列步骤操作：

① 在选定的检测部位将混凝土凿孔，根据判断碳化深度的大小选择测孔直径。

② 使用压缩空气清扫孔内碎屑和粉末。

③ 向孔内喷洒浓度为 1‰的酚酞试液，喷洒量以表面均匀湿润但不流淌。

④ 喷洒酚酞后，未碳化的混凝土变为砖红色，测量变色混凝土前缘至混凝土表面的垂直距离即为碳化深度，读数精确至 0.5mm。

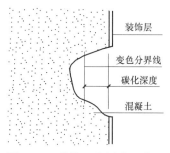

图 11-1 碳化深度测孔示意图

⑤ 每个测试区域布置若干个测区，每个测区布置 3 个测点，取 3 个测点碳化深度的算术平均值作为碳化深度的代表值；

⑥ 碳化深度的代表值作为该测区混凝土性能受影响层的厚度。

4）将实测碳化深度 D_0 和构件碳化时间 t_0 与按某个碳化模型计算结果的比对可按下列规定进行：

① 将 t_0、混凝土实测参数及环境实际参数带入选定的碳化模型，确定计算碳化深度 D_{cal}：

$$D_{cal}=F(f_{cu},w/c,C,T,t_0\cdots)$$

式中　D_{cal}——将实际参数带入碳化模型计算得到 t_0 时刻碳化深度（mm）；

　　$F(\cdots)$——碳化模型；条件不能满足时，可采用校准已有碳化模型的方法；

　　f_{cu}——碳化模型的混凝土强度参数，用实测值；

　　w/c——碳化模型的配合比参数，用实测值或估计值；

　　C——碳化模型的材料参数，用实测值或估计值；

　　T——碳化模型的环境参数，用统计值。

② 按下式计算 Δ_D：

$$\Delta_D=\mid D_0-D_{cal}\mid$$

③ 当 $\Delta_D\leqslant2$ 或 $\Delta_D\leqslant0.1D_0$ 两个条件之一得到满足时，可利用该模型推断剩余碳化年数，当两个条件均不能满足时可采取校准碳化模型的方法。

5）利用已有碳化模型推断剩余碳化年数 t_e 的工作可按下列步骤进行：

① 将钢筋的保护层厚度带入选定的碳化模型，计算碳化达到钢筋表面所需的时间 t_e；

② 碳化达到钢筋表面的剩余时间 t_e 按式算：

$$t_e=t_c-t_0$$

式中　t_e——碳化达到钢筋表面的剩余年数（年）；

　　t_c——碳化达到钢筋表面的年数（年）；

　　t_0——已经碳化的年数（年）。

③ 对于干湿交替环境或室外环境，t_e 为钢筋开始锈蚀的剩余年数；对于干燥环境，t_e 为钢筋具备锈蚀条件的时间。

6）对选定碳化模型的可按下列步骤校准：

① 计算 D_{cal}；

② 将 D_{cal} 与 D_0 进行比较确定应该调整的参数、参数的系数或参数在碳化模型的函数关系；

③ 用调整后的模型计算 D_{cal}，直至第 4 条第 3 款的要求得到满足为止。

7）校准已有模型的方法推断碳化剩余年数的工作，可用经过校准的碳化模型按第 5 条的步骤推断 t_e。

（2）混凝土的剩余碳化年数可采取下列快速碳化的方法进行推定：

1）从结构中钻取的芯样宜符合下列规定：

① 芯样应从环境情况相似、混凝土设计强度等级相同的构件上钻取；

② 芯样的长度应大于预期测定碳化深度的 3 倍；

③ 芯样的数量不宜少于 6 个；

④ 芯样的内侧端面应切割成平面。

2）芯样的碳化参数应按下列规定确定：

① 每个芯样碳化深度代表值应取芯样实测碳化深度的平均值；

② 芯样碳化深度的代表值 D_1 可取全部芯样碳化深度代表值的平均值；

③ 芯样的实际碳化年数可用 t_1 表示。

3）混凝土实际碳化深度达到限定值 C 的预估碳化年数 $t_{2,e}$ 和预估剩余碳化年数 $t_{3,e}$，可按本标准第 4.8.7 条规定的方法进行推定。

4）芯样在碳化箱内的下列快速碳化时间宜进行预测：

① 芯样试件内侧端面碳化深度达到 D_1 时的时间 T_1；

② 芯样试件内侧端面碳化深度达到限定值 C 的时间 T_2；

③ 芯样试件外侧端面碳化深度达到限定值 C 的时间 T_3。

5）将芯样试件分成 2～3 组，使每组芯样实际碳化深度代表值应接近代表值 D_1。

6）芯样试件应按现行国家标准《普通混凝土长期性能和耐久性能试验方法标准》GB/T 50082 的规定进行快速碳化试验。

7）为预测快速碳化时间 T_1，进行芯样试件破型测试时，应进行下列调整：

① 比较该组芯样试件内侧端面碳化深度的代表值 $D_{1,N}$ 与 D_1 的差别；

② 当 $D_{1,N}$ 与 D_1 的比值大于 0.8 且小于 1.2 时，可认为快速碳化时间 T_1 约相当于自然碳化时间 t_1；

③ 当 $D_{1,N}$ 与 D_1 的比值小于 0.8 或大于 1.2 时，可对 T_1 进行不大于 ± 1 的调整。

8）为预测快速碳化时间 T_3，进行芯样试件破型时，应进行下列调整：

① 比较该组芯样外侧端面碳化深度的代表值 $D_{3,w}$ 与限制碳化深度 C 值的差异；

② 当 $D_{3,w}$ 与 C 的比值大于 0.8 且小于 1.2 时，可认为快速碳化时间 T_3 约相当于自然碳化的剩余碳化年数 t_3 的碳化效果；

③ 当 $D_{3,w}$ 与 C 的比值小于 0.8 或大于 1.2 时，可对 T_3 进行不大于 ± 1 的调整。

9）该批混凝土在自然环境中的剩余碳化年数 t_3 可按下列公式计算确定：

$$t_3 = T_3 \times (t_1 / T_1)$$

式中　t_3——混凝土碳化到限制值 C 时的推定剩余年数（年）；

　　　T_3——快速碳化到限制值 C 时的时间，当有调整时，T_3 为调整后的碳化天数（天）；

　　　t_1——混凝土碳化到代表值 D_1 的实际碳化年数（年）；

　　　T_1——快速碳化对应于代表值 D_1 的时间，当有调整时，T_1 为调整后的碳化天数（天）。

10）芯样试件在预测快速碳化时间 T_2 的破型应进行下列的测试和推定：

① 比较该组芯样内侧端面碳化深度的代表值 $D_{2,N}$ 与限制碳化深度 C 值的差异；当

其差异明显时，可对 T_2 进行不大于 ± 1 的调整；

②　自然碳化至限定值的碳化年数 t_2 可用下式表示：

$$t_2 = T_2 \times (t_1/T_1)$$

式中　t_2——混凝土碳化到限制值 C 的年数（年）；

　　　T_2——混凝土芯样试件内侧端面快速碳化到限制值 C 时的时间（天）。

③　t_3 也可用下式表示：

$$t_3 = t_2 - t_1$$

11）在实施推定时可取式 $t_3 = T_3 \times (t_1/T_1)$ 和式 $t_3 = t_2 - t_1$ 两者中的较小值。

11.2.3　混凝土冻融损伤剩余使用年数推定

混凝土冻融损伤剩余使用年数可采用下列取样快速检验的方法进行推定：

（1）从结构中钻取的混凝土芯样应符合下列规定：

1）芯样应从环境情况相似、混凝土设计强度等级相同的构件上钻取；

2）芯样的数量不宜少于 6 个；

3）芯样内侧端面应切割平整；

4）切割后的芯样试件长度不宜小于 70mm；

5）芯样试件外侧端面的实际冻融年数可用 t_1 表示。

（2）芯样试件应按规定进行下列回弹测试：

1）回弹测试宜使用里氏回弹仪；

2）回弹测试应避开粗骨料；

3）回弹测试的对象应为芯样试件的外侧和内侧两个端面；

4）回弹测试时，芯样试件两个端面应处于表干状态且弹击时芯样不应出现移动；

5）回弹仪应采用水平弹击方式。

（3）芯样试件的参数应按下列方法确定：

1）每个芯样的每个端面的弹击次数不宜少于 5 次，弹击点的间距宜相同；

2）记录每次弹击的回弹值，并取回弹平均值作为该端面的回弹代表值；

3）芯样试件外侧端面的回弹代表值 L_W 应取所有外侧端面回弹代表值的平均值；

4）芯样试件内侧端面的回弹代表值 L_N 应取所有内侧端面回弹代表值的平均值；

5）混凝土在实际冻融环境中已使用的年数可用 t_1 表示。

（4）当 L_W 低于 L_N 时，可按下列方法进行芯样试件的快速冻融比对试验：

1）芯样试件的侧面应进行封闭；

2）快速冻融的试验操作应符合现行国家标准《普通混凝土长期性能和耐久性能试验方法标准》GB/T 50082 的有关规定；

3）定期取出芯样试件应在表干的状态下对试件的内侧和外侧端面进行回弹测试。

（5）冻融循环次数与回弹值之间的关系可按下列方法确定：

1）当内侧端面的回弹代表值降低至外侧端面回弹代表值初始水平时，此时的标准冻融循环次数 N_1 的效应可与实际冻融年数 t_1 的效应相当；

2）当外侧端面回弹值降低到无法测试或芯样试件出现表面损伤时，此时的标准冻融循环次数 N_2 的效应可与实际冻融循环年数 t_3 的效应相当；

3）当内侧端面回弹值降低到无法测试或芯样试件出现表面损伤时，此时的标准冻融循环次数 N_u 的效应可与实际冻融年数 t_2 的效应相当。

（6）混凝土出现冻融损伤的剩余年数可按下列方法确定：

1）利用标准冻融循环次数 N_2 和 N_1 的冻融损伤剩余年数 $t_{3,1}$ 可用下式表示；

$$t_{3,1} = t_1 \times N_2 / N_1$$

式中　$t_{3,1}$——混凝土冻融损伤剩余年数的推定值之一（年）；

　　　t_1——混凝土实际经历冻融循环的年数（年）；

　　　N_2——芯样试件外侧端面出现冻融损伤或回弹值接近零时的标准冻融循环次数；

　　　N_1——芯样试件内侧端面回弹代表值降到外侧端面回弹初始代表值水平时的标准冻融循环次数。

2）利用标准冻融循环次数 N_u 和 N_1 的冻融损伤剩余年数 $t_{3,2}$ 可用下式表示；

$$t_{3,2} = t_1 \times N_u / N_1 - t_1$$

3）在实施推定时可取式 $t_{3,1} = t_1 \times N_2 / N_1$ 和式 $t_{3,2} = t_1 \times N_u / N_1 - t_1$ 两者中的较小值。

11.2.4　混凝土硫酸盐侵蚀结晶损伤剩余年数推定

混凝土硫酸盐侵蚀结晶损伤剩余年数可采取下列快速试验的方法进行推定：

（1）从结构中钻取混凝土芯样，芯样的回弹测试和回弹测试数据的表示方法宜符合第 2.3 条第 1 款的有关规定；

（2）混凝土在硫酸盐侵蚀环境中的使用年数可用 t_1 表示；

（3）当芯样试件外侧端面的回弹代表值 L_W 低于内侧端面回弹代表值 L_N 时，可按下列方法进行硫酸盐快速侵蚀的比对试验：

1）芯样试件的侧面应进行封闭；

2）硫酸盐快速侵蚀试验应符合现行国家标准《普通混凝土长期性能和耐久性能试验方法标准》GB/T 50082 的有关规定；

3）应定期取出芯样试件且在表干的状态下对试件的内侧和外侧端面进行回弹测试。

（4）芯样试件干湿交替硫酸盐侵入的试验次数 N 与回弹测试值的关系可按下列方法确定：

1）当内侧端面的回弹代表值降低至外侧端面回弹代表值初始水平时，可认为此时的干湿交替试验次数 N_1 的效应与实际侵蚀年数 t_1 的效应相当；

2）当外侧端面回弹值降低到无法测试或芯样试件出现表面损伤时，可认为此时的干湿交替试验次数 N_2 的效应与实际环境中该端面混凝土出现硫酸盐侵蚀损伤的年数 t_3 的效应相当；

3）当内侧端面回弹值降低到无法测试或芯样试件出现表面损伤时，可认为此时的干湿交替试验次数 N_u 的效应与该端面在实际环境中 t_2 的效应相当。

（5）混凝土出现硫酸盐结晶损伤的剩余年数可按下列方法确定：

1）利用标准干湿循环次数 N_2 和 N_1 的硫酸盐结晶损伤剩余年数 $t_{3,1}$ 可用下式表示：

$$t_{3,1} = t_1 \times N_2 / N_1$$

式中　$t_{3,1}$——混凝土硫酸盐结晶损伤的剩余年数的推定值（年）；

t_1——混凝土实际经历硫酸盐侵蚀的年数（年）；

N_2——芯样试件外侧端面回弹值接近零时，对应的干湿循环次数；

N_1——芯样试件内侧端面回弹代表值降到外侧端面回弹值初始水平时对应的干湿循环次数。

2）利用标准干湿循环次数 N_u 和 N_1 的硫酸盐结晶损伤剩余年数 $t_{3,2}$ 可用下式表示：

$$t_{3,2} = t_1 \times N_u / N_1 - t_1$$

式中　$t_{3,2}$——混凝土硫酸盐结晶损伤的剩余年数的推定值（年）；

N_u——芯样试件内侧端面回弹值降到零时或出现损伤的干湿循环次数。

3）在实施推定时可取式 $t_{3,1} = t_1 \times N_2 / N_1$ 和式 $t_{3,2} = t_1 \times N_u / N_1 - t_1$ 两者中的较小值。

11.3　砌体结构耐久性检测

砌体结构在我们的应用非常广，现存的既有建筑中有很大比例为砌体结构。砌体结构是由块材和砂浆砌筑而成的墙、柱作为建筑物主要受力构件的结构；由配置钢筋的砌体作为建筑物主要受力构件的结构为配筋砌体结构。影响砌体结构或构件耐久性评估的重要参数有：结构所处环境的温度和湿度；块体与砂浆强度；砌体构件中钢筋的保护层厚度和钢筋锈蚀状况；环境侵蚀或化学物质侵蚀；氯离子含量、氯离子浓度；微冻、严寒及寒冷地区块体饱水状况；块体、砂浆的风化、冻融损伤程度。砌体结构耐久性的检测和评估，应按相关现行国家标准、规范的要求对上述参数性能等进行检测。

（1）直接受到环境侵蚀或化学物质侵蚀影响的砌筑块材，当存在未受影响的同品种和同强度等级的砌筑块材时，可采用下列回弹测试方法估计受到侵蚀影响砌筑块材的剩余使用年数：

1）受到侵蚀影响和未受侵蚀影响的砌筑块材应分别进行回弹测试，并应以回弹测试的平均值作为代表值。

2）当受到侵蚀影响砌筑块材的回弹代表值明显低于未受侵蚀影响砌筑块材的回弹代表值时，可按下列规定进行分析：

① 受到侵蚀影响砌筑块材的回弹代表值与未受侵蚀影响砌筑块材的回弹代表值的比值可记为 ζ；

② 受到侵蚀影响砌筑块材的实际受侵蚀影响年数可记为 t_1。

③ 受到侵蚀影响砌筑块材出现耐久性极限状态标志的总年数 t_2 可按下式估算：

$$t_2 = t_1 / (1 - \zeta)$$

式中　t_2——按线性规律预估受到侵蚀影响砌筑块材出现耐久性极限状态标志的年数；

t_1——砌筑块材受侵蚀影响的实际年数；

ζ——回弹代表值的比值，小于 1.0。

④ 受到侵蚀影响砌筑块材的剩余使用年数 t_3 可按下式计算确定：

$$t_3 = (t_2 - t_1) / 2$$

式中　t_3——受到侵蚀影响砌筑块材的剩余使用年数估计值。

（2）遭受冻融和硫酸盐侵蚀影响的砌筑块材，可采用取样比对快速检验的方法推定剩余使用年数。

（3）当按钢筋锈蚀评估砌体构件的耐久年限时，可参照按前文所述混凝土结构耐久性的评估进行；但保护层厚度的检测，应取钢筋表面至构件外边缘的距离；若组合砌体采用水泥砂浆面层时，其保护层厚度要求应比前文所述混凝土结构耐久性的评估相应表中数值增加 10mm。

11.4　钢管混凝土结构和钢-混凝土组合结构的耐久性检测

近年来钢管混凝土结构和钢-混凝土组合结构作为新型的结构迅速发展。钢管混凝土是指在钢管中填充混凝土而形成且钢管及其核心混凝土能共同承受外荷载作用的结构构件。混凝土的抗压强度高，但抗弯能力很弱，而钢材，特别是型钢的抗弯能力强，具有良好的弹塑性，但在受压时容易失稳而丧失轴向抗压能力，而钢管混凝土在结构上能够将二者的优点结合在一起，可使混凝土处于侧向受压状态，其抗压强度可成倍提高，同时由于混凝土的存在，提高了钢管的刚度，两者共同发挥作用，从而大大地提高了承载能力。钢和混凝土组合结构，是钢部件和混凝土或钢筋混凝土部件组合成为整体而共同工作的一种结构，兼具钢结构和钢筋混凝土结构的一些特性。

钢管混凝土结构和钢-混凝土组合结构耐久性检测、评估主要包括以下两个方面：

① 结构外包混凝土的耐久性检测、评估；

② 钢构件的耐久性检测、评估。

（1）钢-混凝土组合结构外包混凝土的剩余使用年数的推定可执行本章第二节的有关规定。

（2）钢管混凝土结构的钢管和钢-混凝土组合结构无混凝土包裹钢构件的剩余使用年数可按下列规定推定：

1）对于有机涂层可采用下列方法进行推定：

① 从钢结构中截取试样进行快速老化试验；

② 用同类的防腐原材料制备试样进行快速老化试验；

③ 第 1 款与第 2 款方法相结合的方法。

2）对于无机的防火涂层，当存在下列现象时，应评定其失去应有的作用：

① 防火涂层受潮失效；

② 涂层出现脱落现象。

（3）从钢结构中截取试样进行快速老化试验应符合下列规定：

1）从结构中截取的试样应分成受到明显影响的试样和未受到明显影响的试样两类；

2）应有明显的两类试件的表观差别，且受到明显影响试样的实际老化时间应记为 t_1；

3）两类试件应同时进行同类老化条件的快速试验，并应使受到明显影响的试样涂层完全失去保护能力和未受明显影响试件表观出现受到明显影响试件的取样时的表观特征；

4）受到明显影响的试样涂层完全失去保护能力的快速老化时间应记为 T_3；

5）未受明显影响试件表观出现受到明显影响试件的取样时表观特征的快速老化时间应记为 T_1；

6）钢结构有机涂层丧失保护作用的剩余使用年数可按下式推定：

$$t_3 = t_1 \times T_3 / T_1$$

式中　t_3——钢结构有机涂层丧失保护作用的剩余使用年数（a）；

t_1——受到明显影响的试样涂层实际老化年数（a）；

T_3——受到明显影响的试样涂层至完全丧失保护作用的快速老化时间；

T_1——未受明显影响试件表观出现受到明显影响试件的取样时表观特征的快速老化时间。

（4）用同类的防腐原材料制备试样进行快速老化试验应符合下列规定：

1）涂层的品种、厚度、表面的状况、环境侵蚀种类和实际使用年数 t_1 等应通过调查分析确定；

2）快速试验试件的涂层制备应与实际构件的涂层一致；

3）快速试验试样应在强化的同类腐蚀环境中进行快速腐蚀检验；

4）当快速试验涂层出现与现场涂层表面相近的状况，快速检验的时间应记为 T_1；

5）当快速试验试件的涂层丧失保护作用时，快速检验的时间应记为 T_2；

6）钢结构涂层的丧失保护作用的总年数可按下式计算推定：

$$t_2 = T_2 \times t_1 / T_1$$

式中　t_2——钢结构涂层丧失保护作用的总年数（a）；

t_1——实际构件涂层实际侵蚀年数（a）；

T_2——快速检验涂层丧失保护作用的总时间；

T_1——快速检验出现与现场涂层对应表面状况的时间。

7）钢构件涂层剩余使用年数可按下式推定：

$$t_3 = t_2 - t_1$$

式中　t_3——钢构件涂层剩余使用年数的推定值。

参 考 文 献

［1］ 罗福午. 建筑工程质量缺陷事故分析及处理［M］. 武汉：武汉工业大学出版社，2002.

［2］ 混凝土质量专业委员会等. 钢筋混凝土结构裂缝控制指南［M］. 北京：化学工业大学出版社，2004.

［3］ 何星华，高小旺. 建筑工程裂缝防治指南［M］. 北京：中国建筑工业出版社，2005.

［4］ 王铁梦. 工程结构裂缝控制［M］. 北京：中国建筑工业出版社，1997.

［5］ 曹双寅等. 结构可靠性鉴定与加固技术［M］. 北京：中国水利水电出版社，2001.

［6］ 姚继涛等. 建筑物可靠性鉴定和加固---基本原理和方法［M］. 北京：科学出版社，2003.

［7］ 金伟良，赵羽习. 混凝土结构耐久性［M］. 北京：科学出版社，2002.

［8］ 张誉，蒋利学，张伟平，屈文俊. 混凝土结构耐久性概率［M］. 上海：上海科学技术出版社，2003.

［9］ 吴新璇. 混凝土无损检测技术手册［M］. 北京：人民交通出版社，2003.

［10］ 侯伟生. 建筑工程质量检测技术手册［M］. 北京：中国建筑工业出版社，2003.

［11］ 姚振纲. 建筑结构试验［M］. 武汉：武汉大学出版社，2001.

［12］ 王立久，姚少臣. 建筑病理学［M］. 北京：中国电力出版社，2002.

［13］ 邸小坛，周燕. 旧建筑物的检测加固与维护［M］. 北京：地质出版社，1992.

［14］ 中国科学院数学研究所. 抽样检验方法［M］. 北京：科学出版社，1977.

［15］ 袁建国等. 抽样检验原理与应用［M］. 北京：中国计量出版社，2002.

［16］ 冯文元，张友民，冯志华. 建筑材料检验手册［M］. 北京：中国建筑工业出版社，2006.

［17］ 梁军. 建筑物检测分析与加固处理［M］. 北京：中国建材工业出版社，2001.

［18］ 唐业清. 建筑物改造与病害处理［M］. 北京：中国建筑工业出版社，2000.

［19］ 李为杜. 混凝土无损检测技术［M］. 上海：同济大学出版社，1989.

［20］ 建设部人事教育司. 测量放线工［M］. 北京：中国建筑工业出版社，2005.

［21］ 过静珺主编. 土木工程测量［M］. 武汉：武汉工业大学出版社，2000.

［22］ 冯乃谦. 实用混凝土大全［M］. 北京：科学出版社，2001.